人文社会科学通识文丛 ｜ 总主编◎王同来

关于**伦理学**
的100个故事

100 Stories of
Ethics

黎瑞山◎编著

南京大学出版社

图书在版编目(CIP)数据

关于伦理学的 100 个故事 / 黎瑞山著. — 南京：南京大学出版社，2012.6(重印)

(人文社会科学通识文丛 / 王同来总主编)

ISBN 978 - 7 - 305 - 08157 - 6

Ⅰ. ①关… Ⅱ. ①黎… Ⅲ. ①伦理学－青少年读物 Ⅳ. ①B82 - 49

中国版本图书馆 CIP 数据核字(2011)第 023642 号

本书经上海青山文化传播有限公司授权独家出版中文简体字版

出版发行　南京大学出版社
社　　址　南京市汉口路 22 号　　邮　编　210093
网　　址　http://www.NjupCo.com
出版人　左　健
丛 书 名　人文社会科学通识文丛
总 主 编　王同来
书　　名　关于伦理学的 100 个故事
编　著　黎瑞山
责任编辑　裴维维　　编辑热线　025 - 83592123
照　　排　南京南琳图文制作有限公司
印　　刷　丹阳兴华印刷厂印刷
开　　本　787×960　1/16　印张 15.25　字数 281 千
版　　次　2012 年 6 月第 1 版　2012 年 6 月第 3 次印刷
ISBN 978 - 7 - 305 - 08157 - 6
定　　价　30.00 元

发行热线　025 - 83594756
电子邮箱　iryang@nju.edu.cn

前　言

最早记载"伦理"两个字的古籍是《礼记·乐记》，"凡音者，生于人心者也。乐者，通伦理者也。"而在《说文解字》中是这样解释"伦理"一词的："伦，从人，辈也，明道也；理，从玉，治玉也。"也就是说，伦是人与人之间的关系，理则是玉石上的纹理。结合起来说，伦理也就是人伦关系的道，指的是一切人与人、人与社会间的道德规范。而在西方，"伦理"来自于希腊文的风俗习惯（ετησς）一词，是古希腊哲学家亚里士多德首先为它赋予了伦理的涵义。

不过，用这样的方式来解释伦理二字或许太过学术化了，如果用一般人的观念来看伦理的话，它多半会被视为道德、良知等等诸如此类的观念。尽管这样的想法并不全面，却无疑会让伦理学变得平易近人得多，也能够让更多人对它产生兴趣。

每个人都知道伦理是应该遵守的道德规范，大多数人也都会自觉遵守这些规则，但这些规则究竟从何而来，为何人类会自动形成这些固定的观念，是很多人都没有去细想过的事情。而这些，正是伦理学所要解决的问题。

简单来说，伦理学其实就是研究道德的学说，它是哲学最重要的组成部分之一，探讨道德的本质、起源和发展，道德水平和物质生活水平之间的关系,道德的最高原则和道德评价的标准,人的价值、意义等诸方面的问题。

很多人觉得伦理学很遥远,其实它和人类的生活息息相关。因为道德是我们每个人都逃不开也避不掉的存在,虽然它看不见摸不着,却实实在在影响着我们每一个人,规定并指导着我们每一个人的行为。

道德是人类心目中至高的向导,是人类最高贵的情感,是"人民的国家中一种推动的枢纽"。了解伦理学,也就是在亲近道德,也是对人类情感最深切的表达。

目 录

中篇　伦理学发展与成熟的新阶段

下篇　伦理学的基础理论和分析方法

上 篇

伦理学的起源和
历史沿革

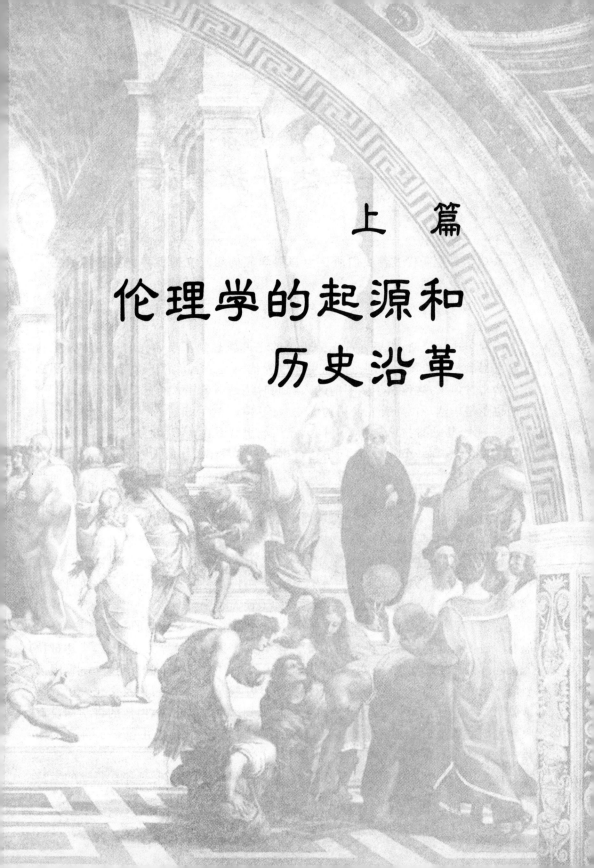

1. 灵魂的不朽
——毕达哥拉斯派

毕达哥拉斯代表着我们所认为与科学倾向相对立的那种神秘传统的主潮。——康福德

提到毕达哥拉斯,很多人首先会想到的也许就是到了今天我们生活中几乎每个地方都离不开的黄金分割。但如果你以为他只是一名出色的数学家的话,那么你显然小看他了,这位两千多年前的人物同时还是一名伟大的哲学家,而"哲学"这个词也正是毕达哥拉斯首先使用的。

有一次,毕达哥拉斯与勒翁一同到竞技场里观看比赛,看到竞技场各种身份的人,勒翁忽然想到一个问题,便问毕达哥拉斯:"你是什么样的人呢?"

毕达哥拉斯回答说:"我是哲学家。"在希腊语中,哲学的意思就是爱智慧,而哲学家就是爱智慧的人。

勒翁又问道:"为什么是爱智慧,而不是智慧呢?"

毕达哥拉斯回答他说:"只有神才是智慧的,人最多只是爱智慧罢了。就像今天来到竞技场的这些人,有些是来做买卖挣钱的,有些是无所事事来闲逛的,而最好的是沉思的观众。这就如同生活中不少人为了卑微的欲望追求名利,而只有哲学家寻求真理一样。"从此之后,追求真理的人便有了一个名字——哲学家。

这位爱智慧的人于公元前580年出生在希腊东部萨摩斯岛的一个富商家庭。他九岁时便被送到闪族叙利亚学者那里学习,后来因为向往东方的智慧,毕达哥拉斯又陆续拜访了巴比伦、印度,学习并接受了阿拉伯文明和印度文明。后来,因为当地人无法接受他的理性神学学说,他被迫迁往埃及,一边学习埃及文化一边宣传希腊哲学,并吸引了不少的信徒。再后来他回到家乡开办学校,但他的讲学却没有收到预期的效果。公元前520年,他移居意大利的克罗托内,并建立了自己的团体——毕达哥拉斯派。

这个团体带有浓厚的宗教色彩,有很多规定和戒律,学员必须接受长期的考核

才能被接受。毕达哥拉斯派相信万事万物都是数,都包含数,上帝透过数来统治世界,依靠数学就可以使灵魂升华,与上帝合为一体。

一次,毕达哥拉斯应邀到朋友家做客。这位习惯观察思考的人,竟然对主人家地面上一块块漂亮的正方形大理石方砖产生了浓厚的兴趣。他不仅仅是欣赏方砖图案的美丽,而是沉思于方砖和"数"之间的关系。他越想越兴奋,最后索性蹲到地上,拿出笔和尺进行计算。

在四块方砖拼成的大正方形上,均以每块方砖的对角线为边,画出一个新的正方形,他发现这个正方形的面积正好等于两块方砖的面积;他又以两块方砖组成的矩形对角线为边,画成一个更大的正方形,而这个正方形正好等于五块大理石的面积。于是,毕达哥拉斯根据自己的推算得出结论:直角三角形斜边的平方等于两条直角边的平方和。就这样,著名的"毕达哥拉斯定律"产生了。

绘画大师鲁本斯将《变形记》中毕达哥拉斯试图劝说同伴"大自然向人类提供了丰富的食物,人们不应该用流血与屠杀弄脏他们的身体"的内容透过绘画呈现出来,也因此成就了欧洲第一幅提倡素食的艺术作品——《毕达哥拉斯提倡素食主义》

毕达哥拉斯主张男女平等,鼓励人们过简单节制的生活,要求节欲、服从,同时禁止学派中的人以动物为食,他认为动物有与人类共生的权利,食素可以确保灵魂再度转世为人,而不是变成其他动物。除此之外,毕达哥拉斯还是历史上最有趣味而又最难理解的人物之一。他制订了一些奇怪而有趣的规矩:不能吃豆子;不能碰白公鸡;不要用铁拨火;不要吃整个的面包;不要在光亮的旁边照镜子;当你脱下睡衣的时候,要把它卷起,把睡衣上的印迹抹平等等,所有这些诫命都表现一种原始的禁忌观念。

作为导师,毕达哥拉斯对自己的学徒非常严格,要想做他的弟子,必须先隔着门帘听他讲课,五年之后,如果对方达到自己的要求,毕达哥拉斯才与之见面。有一个人听了他五年的课,结果毕达哥拉斯始终认为对方不符合自己的要求,便拒绝见面。这个人一气之下烧掉了毕达哥拉斯的房子,这时城中对他不满的人趁机发起攻击,想要杀死他。毕达哥拉斯原本是可以逃掉的,谁知在逃亡的路上他经过了一片豆子地,为了不违背自己的规矩,毕达哥拉斯拒绝践踏豆子,最后被追上来的人割断喉管而亡。

毕达哥拉斯的行为看似可笑,但却佐证了他作为一名哲学家的伟大,那就是他勇于用生命来维护自己的学说和信仰,仅凭此,就算失去生命,他的灵魂依然不朽。

在早年的治学时期,毕达哥拉斯经常到各地演讲,以向人们阐明经过他深思熟虑的见解,除了"万物皆是数"的主题外,还常常谈起有关道德伦理的问题。

毕达哥拉斯经常对议事厅的权贵们说:"一定要公正,这是维护秩序与和谐的保障。如果不公正,就犯下了世间最大的恶。发誓是很严肃的行为,不到关键时刻不要随便发誓,但每个官员都要保证自己不说谎话。"

在谈到治家时,他认为父母对子女的爱应该不求回报,但子女更应该珍惜父母的感情,同时做父亲的应该注意自己的言行并以此获得子女的敬爱。当提到夫妻关系时,他说彼此尊重是最重要的,双方都应忠实于配偶。

毕达哥拉斯十分推崇自律,他认为自律是对个性的一种考验,可以使人身体健康、心灵洁净、意志坚强。对儿童、少年、老人、妇女来说,能自律是一种美德;但对年轻人来说,则是必要。自律能力的养成必须在理性和知识的指导下才能培养起来,而知识只能透过教育才能获得,所以教育的重要性是不言而喻的。

他还描述了教育的特性:"你能透过学习从别人那里获得知识,但传授给你的人却不会因此失去了知识。这就是教育的特性。世界上有许多美好的东西,好的禀赋可以从遗传中获得,如健康的身体,姣好的容颜,勇武的个性;有的东西很宝贵,但一经授予他人就不再归你所有,如财富、权力。而比这一切都宝贵的是知识,只要你努力学习,你就能得到而又不会损害他人,并可能改变你的天性。"

2. 精神的助产士
——苏格拉底派

> 耻辱是从我们感觉羞耻的行为产生的一种痛苦。——斯宾诺莎

如果你生活在公元前 5 世纪的雅典,在路上你也许会被一个有着扁平的鼻子、凸出的眼睛和肥厚嘴唇的矮个子邋遢男人拦住,他会问你,什么是美德? 什么是民主? 什么是真理? 你多半会被问得哑口无言,你也有可能回答出他的问题,不过这还没完,他会继续不断地追问,直到你开始困惑,乃至沉思。

这个喜欢在大街上拦住别人提问的人叫苏格拉底,这个名字对所有人来说都是一个无法被忽略的存在。他是古希腊最著名的哲学家,公认的西方哲学的奠基者。

苏格拉底的母亲是一位助产士,也是因为从小就接触到这样的生活,使苏格拉底感觉到了它的有趣,能够帮助别人产下一个生命是多么神圣的一件事,所以苏格拉底一直自称为"精神的助产士"。他说:"我的母亲是个助产士,我要追随她的脚步,做一位精神上的助产士,帮助别人产生他们自己的思想。"

其实所谓的"精神助产法"就是一种引导法,苏格拉底不喜欢去直接向对方阐明自己的观点,而是围绕着一个话题,一步步去启发对方,诱导对方自行得出结论。如果对方与自己的观点不同或者说对方的观点是错误的,他也不会直接指出,而是继续诱导,透过分析将论题一层层展开,最终获得真理。

在苏格拉底看来,每个人心中都存有真理,只是他们自己不容易发现它们的存在,这时候就必须借助哲学导师的力量,去引导对方发现自己内心深处的真理。

除了在大街上寻找不同的路人来谈话之外,在教导自己的学生时苏格拉底也采用了同样的方式。他从不把自己的观点强行灌输给他的学生,而是向他们提出问题,然后引导着他们发现真理。尽管这种辩论法最早是由西诺提出来的,但显然苏格拉底将它运用得最好,并使它成为了一种流行。

苏格拉底说:"我唯一知道的就是我一无所知。"所以他热衷于在大街上寻找可

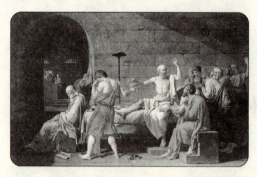

大约公元前 399 年,苏格拉底因"不敬国家所奉的神,并且宣传其他的新神,败坏青年和反对民主"等罪名被判处死刑。在收监期间,他拒绝了朋友和学生要他乞求赦免和外出逃亡的建议,饮下毒酒自杀而死。

以进行辩论的对手,沉湎于思想和辩论带来的愉快,并能够从中获得灵感。他总是坦陈自己的无知,尽管他是那个年代最博学的人,因为他知道,承认自己的无知不会让自己变得真正无知,反而会在交流中获得新的知识。在交谈者面前他将自己放在一个完全无知的状态,准备好去接受新的知识,而正是在这样的交谈中,苏格拉底获得了新的知识和想法,同样也将对方引导到最终的真理上。

"谁毫不动摇地坚持问答方法的话,那么真理会自己显现的。"苏格拉底就是这样毫不动摇地坚持着自己的精神引导法。在他的引导下,不仅产生了无数智慧的火花,还有一脉相传的柏拉图派、亚里士多德派,乃至今天整个的西方哲学。

在苏格拉底之前,希腊的哲学主要研究宇宙的起源、世界的构成等所谓"自然哲学",但是苏格拉底认为,哲学应该更贴近人类本身,关乎人类自身的命运和发展。所以后来人称苏格拉底的哲学为"伦理哲学",认为他为哲学开创了一个新的领域,使哲学"从天上回到了人间"。

苏格拉底的伦理学是理性主义的伦理学,他的伦理学观点主要有:

一、"认识你自己"。苏格拉底要求做"心灵的转向",将哲学从研究自然转向研究自我,追求一种不变的、确定的、永恒的真理。

二、"自知其无知"。苏格拉底被公认为雅典最有智慧的人,但他却一直认为自己还有很多不知道的东西,正是这种谦虚,使他能够最接近真理。当然,这种"自知其无知"还有更深的哲学涵义,那就是意识的自我否定与觉醒,主观意识中的自我反思精神,进一步推动他转向批判哲学。

三、"美德即知识"。苏格拉底建立一种知识即道德的伦理思想体系,以探讨人生的意义和善德为目的。他认为道德只能听凭心灵和神的安排,道德教育就是使人认识心灵和神,听从神灵的训示。他觉得人们在现实生活中获得的各种有益的或有害的东西和道德规范都是相对的,只有探求普遍的、绝对的善的概念,把握概念的真知识,才是人们最高的生活目的和至善的美德。

3. 理想国
——柏拉图派

> **尊重人不应该胜于尊重真理。**——柏拉图

苏格拉底:"打架的时候,无论是动拳头,还是动武器,是不是最善于进攻的人也最善于防守?"

玻勒马霍斯:"当然。"

苏格拉底:"是不是善于预防或避免疾病的人,也就是善于造成疾病的人?"

玻勒马霍斯:"我想是这样的。"

苏格拉底:"是不是一个善于防守阵地的人,也就是善于偷袭敌人的人——不管敌人计划和布置多么巧妙?"

玻勒马霍斯:"当然。"

苏格拉底:"是不是守卫一种东西的好看守,也就是觊觎这种东西的高明的小偷?"

玻勒马霍斯:"看起来似乎是的。"

苏格拉底:"那么,一个正义的人,既善于管钱,也就善于偷钱啦?"

玻勒马霍斯:"照理说是这么回事。"

苏格拉底:"那么正义的人,到头来竟然是一个小偷!这个道理你恐怕是从荷马那儿学来的。因为荷马很欣赏奥德修斯的外公奥托吕科斯,说他在吃里扒外、背信弃义和过河拆桥方面,简直是盖世无双的。所以,照你跟荷马和西蒙尼德斯的意思,正义似乎是偷窃一类的东西。不过这种偷窃是为了以善报友、以恶报敌才做的,你说的不是这个意思吗?"

玻勒马霍斯:"老天爷啊!不是。我弄得晕头转向了,简直不晓得我刚才说的是什么了。不管怎么说,我终归认为帮助朋友、伤害敌人是正义的。"

苏格拉底:"你所谓的朋友是指那些看起来好的人,还是指那些实际上真正好的人呢?你所谓的敌人是指那些看起来是坏的人呢,还是指那些看起来不坏,其实是真的坏人呢?"

　　玻勒马霍斯："那还用说吗？一个人总是爱他认为好的人，而恨那些他认为坏的人。"

　　苏格拉底："那么，一般人会不会弄错，把坏人当成好人，而把好人当成坏人呢？"

　　玻勒马霍斯："是会有这种事的。"

　　苏格拉底："那岂不把好人当成敌人，拿坏人当成朋友了吗？"

　　玻勒马霍斯："无疑会的。"

　　苏格拉底："这么一来，帮助坏人，为害好人，岂不就是正义了？"

　　玻勒马霍斯："好像是的。"

　　苏格拉底："可是好人是正义的，不做不正义的事。"

　　玻勒马霍斯："是的。"

　　苏格拉底："依你这么说，伤害不做不正义事的人倒是正义的了？"

　　玻勒马霍斯："不！不！苏格拉底，这个说法不可能正确。"

　　苏格拉底："那么伤害不正义的人，帮助正义的人，算不算正义？"

　　玻勒马霍斯："这个说法似乎比刚才的说法好。"

　　苏格拉底："玻勒马霍斯，对那些不识好歹的人来说，伤害他们的朋友，帮助他们的敌人反而是正义的——因为他们的若干朋友是坏人，若干敌人是好人。所以，我们得到的结论就刚好与西蒙尼德斯的意思相反了。"

　　玻勒马霍斯："真的是这样！让我们来重新讨论一下，我们似乎没把'朋友'和'敌人'定义好。"

　　苏格拉底："玻勒马霍斯，定义错在哪儿？"

　　玻勒马霍斯："错在把似乎可靠的人当成了朋友。"

　　苏格拉底："那现在我们该怎么来重新考虑呢？"

　　玻勒马霍斯："我们应该说朋友不仅仅是看起来可靠的人，而是真正可靠的人。看起来好，但并不真正好的人只能当作外表上的朋友，不算做真朋友。关于敌人，理亦如此。"

　　苏格拉底："照这个道理说来，好人才是朋友，坏人才是敌人。"

　　玻勒马霍斯："是的。"

　　苏格拉底："我们原先说的以善报友、以恶报敌是正义。讲到这里我们是不是还得加上一条：假使朋友真是好人，当待之以善，假如敌人真是坏人，当待之以恶，这才算是正义？"

　　这是柏拉图《理想国》中的一段对话，虽然名义上记录的是苏格拉底的言论，但

意大利杰出的画家拉斐尔所画的《雅典学院》，是以古希腊哲学家柏拉图所建的阿卡德米学园为题，以古代七种自由艺术，即语法、修辞、逻辑、数学、几何、音乐、天文为基础，以表彰人类对智慧和真理的追求。

我们依然能从中窥见苏格拉底这位弟子的观点。

柏拉图的伦理学是一种二元论的伦理学，即精神与物质的相对。柏拉图还设定了四种美德的观念，即智能、勇敢、节制和正义，其中正义的功能在于使前三者之间保持恰当的比例，这与灵魂的三个组成部分相对应。

柏拉图的伦理学可以分成两方面：

一是追求至善。这是他所追求的人生的最终目的，不过这种至善必须是灵魂的状态。他相信灵魂不朽，但肉体与尘世的种种欲望都是苦难和罪恶的原因，包括生命在内的人世间的所有善都是没价值的。

二是实现正义。柏拉图认为所有德行都是一个整体，因为它们都是同一种知识的不同表达，这种知识即是"善恶之知"。智慧实际上就是关于"什么是善"以及"如何达到真正的善"的知识。

柏拉图对传统意义上的政治学是一概否定的，他主张依人的职责分为治国者、武士、劳动者三个等级，分别代表智能、勇敢和欲望三种品行。理性之德即是智慧，具有指导气概与情欲的职责，是管理国家的统治阶级应具备的德行；其次，气概部分要善于分辨可畏惧的与不可畏惧的，是防守国家的阶级所应具备的德行；情欲部分应服从理性的指令而自我节制，是从事生产劳动者应该具备的德行。

4. 城邦的存在
——亚里士多德派

把哲学称作求真的学问,也是正确的,因为理论哲学的目的是真理,实践哲学的目的是行为。尽管实践哲学也要探究事物的性质如何,但它考察的不是永恒和自在的,而是相对的和时间性的对象。——亚里士多德

城邦最早产生于古希腊,起初名为"polis",指堡垒或卫城,与乡郊"demos"相对。城邦通常以一个城市为中心,辐射周围的村社,实行奴隶制的贵族政治或民主政治。后因其包含一个城市及其周围的土地,并由主要城市控制附属地界,但又远远没有达到后世国家的内涵,所以称其为城邦,而"polis"这个名字则演变为今天的政治。

亚里士多德生活的公元前 4 世纪,正是城邦制最为繁盛的时期,而他本人也是城邦制度的极力拥护者。他的著作《政治学》及《雅典政制》都是对城邦制度研究的成果,《政治学》是专门讨论城邦的起源、目的、本质和原则等问题的作品;而《雅典政制》则是一本雅典城邦政治制度史,是亚里士多德考察 158 个城邦的政治制度之后所得出的研究报告。

亚里士多德曾经说过:"人类自然是趋向于城邦生活的动物。"他认为,城邦是自然进化的产物,是人类社会发展的必然结果,也是人类群居生活的选择。城邦是一个有机整体,而每个人则是这个整体的组成部分之一。人只有依赖于城邦才能生活,并在其中获得个人价值的表现,而城邦的目的正是"至善",是实现公民的"优良生活"。

可以看出,亚里士多德之所以支持城邦制度,并不是将它当做一种政治意义上的权利存在,而首先是将它当做一种道德权利。他的政治观是以道德为核心,并以善为出发点和最终目标的。所谓的城邦,就是能将权利和道德结合起来,帮助公民达到至善目的的伦理实体。

阿拉伯人描绘的亚里士多德上课图

　　亚里士多德的伦理学观念基本集中在他的《尼各马可伦理学》中，归纳起来，其观念如下：

　　他继承了柏拉图把灵魂分为理性的与非理性的两个部分的观点，同时又把非理性的部分分为生长的与嗜欲的。生长的部分使我们能吸收营养，维持生命；而嗜欲的部分则使我们能够感受欲望，并推动我们四处移动以满足欲望。当其所追求的是那些为理性所赞许的善的时候，则嗜欲的部分在某种程度上也可以是理性的。人身上理性与非理性这两个部分的冲突产生种种问题，也产生道德的课题。

　　人类行为的最终目的就是幸福，而幸福就是善，所以人之所以作为人的目的一定是人性的善。而这种善的概念是十分广泛的，只要实现它的功能，那就是善的。比如说一把锤子只要能做到我们期待它能够做到的事情，那它就是善。

　　对应灵魂的两个部分，就有两种德行，即理智的与道德的。理智的德行得自于教学，道德的德行则得自于习惯。灵魂到达幸福的方式就是根据正当的理性去行动，让灵魂的理性部分控制非理性的部分。立法者的职责就是透过塑造善良的习惯而使公民为善。

　　每种德行都是两个极端之间的中道，而每个极端都是一种罪恶。比如勇敢是怯懦与鲁莽之间的中道，不亢不卑是虚荣与卑贱之间的中道等等。我们透过灵魂的理性力量来控制我们的热情，形成各式各样的习惯，自动引导我们遵从中间路线。

11

5. 个人的觉醒
——斯多葛主义

> 任何一个可信的道理都是真理的一种形象。——布莱克

"对政治动物来说,作为城邦或自治的城市国家一份子的人已经同亚里士多德一起完结了;作为个人的人则是和亚历山大一起开始的。"随着经济的发展,公民中的贫富差距加大,公民权与土地的关系日渐松弛,公民兵制开始瓦解,雇佣兵制渐渐施行,曾经繁盛一时的城邦制度走到了尾声。

直接的打击发生在公元前 338 年,由于马其顿国王腓力在拜占庭受挫,希腊城邦中发生反对马其顿的大叛乱,雅典和底比斯两大城邦结成同盟,准备反抗腓力。为了镇压反叛,马其顿与联盟展开战争,这就是著名的喀罗尼亚战役。战争以马其顿王国的胜利而结束,不过腓力对战败的希腊城邦只提出一个条件,那就是为他提供士兵和金钱以便他对付波斯。希腊城邦答应了这个条件,并与马其顿建立科林斯同盟。

至此,曾经的希腊城邦制度已经逐渐开始被君主专制制度所取代,曾经的共和政体也被亚历山大大帝的独裁统治所代替。不过,城邦制的没落也带来了个人意识的觉醒。在古希腊城邦制时代,"城邦至上"不仅仅是一种官方的政治结构,也是城邦公民潜意识里的普遍心态。换言之,城邦的公民在当时并不是作为一个独立的个体,而是作为整个城邦的一部分而存在的。他们更看重的是分享而非拥有,而在这样的生活环境下,人们的思维方式也是一种群体性的思维方式,而非个人的。

所以,当城邦制度结束,取而代之的便是个人意识的觉醒,而斯多葛派正是在这样的历史背景下产生的,是对城邦社会反思下的产物。与之前的流派相比,斯多葛派更加注重的是个人的精神世界,追求的是个人内心的宁静、自然。

在哲学流派中,斯多葛学派是十分重视伦理学的一派。早期的斯多葛学派是唯物主义的支持者,后来受到柏拉图主义的影响,逐渐放弃唯物主义。总体而言,

把世界当作自己故乡的亚历山大大帝

斯多葛学派吸收犬儒哲学中正面的东西，即相信道德是促使心灵平静的最有价值的东西，而没有追随它摒绝文明的欢乐。

斯多葛派认为，在一个人的生命里，只有德行才是唯一的善。而德行在于人的意志，所以人生中美好和丑恶的东西都在于人自身的意志。只要人能将自己从世俗的欲望之中解脱出来，抵制欲望，顺从理性，就能够获得善，拥有完全的自由。

此外，斯多葛派还是个人主义的支持者。它是最早提出个人主义观念的学派，认为个人本身即是自足的，个人的幸福全在于内心的宁静和自然，根本不需要追求外在的东西，世俗的功名利禄根本无助于人的幸福。这一思想还为现代的个人主义观念奠定了基础。斯多葛主义还认为，人是生物学意义上一个相同的类别，因此所有人都是一样的，都具有与上帝共同的理性，受同一个自然法支配。所有的人，无论他的种族、出身和社会地位，都应该是平等的。

小知识：

布拉德雷（1846～1924）

英国哲学家、逻辑学家、新黑格尔主义的代表。他把英国的经验论传统与黑格尔的客观唯心主义结合起来，认为"绝对"或"绝对经验"是第一性的，是最高的实在和真理，在精神之外没有而且不可能有任何实在，物质世界不过是一种现象或假象。代表作为《现象与实在》。

6. 享乐生活
——伊壁鸠鲁派

让我们吃喝，因为明天我们就会死亡。——伊壁鸠鲁

出生于公元前341年的伊壁鸠鲁和斯多葛派的芝诺是同时代的人物，但与芝诺不同的是，在那个充满困苦与动荡的年代里，伊壁鸠鲁追求的是快乐。

这位伊壁鸠鲁学派创始人是享乐主义的奉行者，他在公元前307年创立属于自己的学派。这个学派在伊壁鸠鲁自己的庭院中建立起来，与外部世界完全隔绝，庭院的入口处挂着醒目的告示牌，写着："陌生人，你将在此过着舒适的生活。在这里享乐乃是至善之事。"学校名叫"花园"，因此他也被人称为"花园哲学家"。伊壁鸠鲁对求学的人来者不拒，就算是妓女和奴隶他也乐意教导，所以他的学生五花八门，但大多数来自于社会底层。

而实际上，"花园"内的生活是相当困苦的，因为他们没有钱，也因为当时的社会正处在无比的混乱当中。伊壁鸠鲁和他的弟子们学会从面包和水中享受快乐，而这也正是伊壁鸠鲁派所追求的终极理想。

除此以外，伊壁鸠鲁还是个无神论者，他否认宗教，否认神的存在，他认为神不过是游离于人世的一种境界，而并不是一个具体的存在。一天，伊壁鸠鲁和几个相信神是存在着的人辩论。伊壁鸠鲁问道："照你们的说法，世界上有神的存在，对吗？"那几个人连忙说："当然！当然！"伊壁鸠鲁说："那么，现在就有三种可能：一、神愿意除掉世间的丑恶，但他没有这种能力；二、神有能力除掉世间的丑恶，但他不愿意这么做；三、神愿意除掉世间的丑恶，并且他也有这种能力。"

几个人点头表示同意他的说法，伊壁鸠鲁接着说："如果神愿意除掉世间的丑恶但他没有足够的能力，那么他就不能算是万能的，但这种非全能与神的本性是相悖的，这样他就不能算是神。如果神有能力除掉丑恶却不愿意这么做的话，那岂不是说神是恶意的，这也是和神的本性相矛盾的。如果神愿意并且有能力除掉世间的丑恶，而且这也是唯一能够适合于神的本性的一种假定，那么在这种情况下为什

么世间还存在着丑恶呢？这样说来，神是根本不存在的。"至此，那几个有神论者完全无法辩驳。

不过在罗素看来，这种享乐主义无疑是一种逃避，他说："亚里士多德是欢乐地正视世界的最后一个希腊哲学家；在他以后的所有的哲学家都是以各式各样的形式而具有一种逃避的哲学。"

伊壁鸠鲁认为，哲学就是追求幸福的学问，而在哲学的三个构成逻辑学、物理学和伦理学当中，只有伦理学才是探求人类幸福的学问，因此伦理学是哲学的核心，逻辑学和物理学都是从属于它的。

和之前的哲学家一样，伊壁鸠鲁同样认为幸福是人生最高的善，因此也是人生的最高目标，但幸福只是快乐，而不是道德。伊壁鸠鲁断言："快乐是幸福生活的开端和目的，我们认为快乐是首要的好，以及天生的好。我们的一切追求和规避都开始于快乐，又回到快乐，因为我们凭借感受判断所有的好。"人类行为的目的是为了从痛苦中解脱出来，求得快乐，这才是善的唯一衡量标准。

当然，这种快乐并不仅仅只是感性的肉体快乐，感性的快乐是基础，但精神的快乐则高于感性的快乐。伊壁鸠鲁将快乐区分为自然和非自然的，自然的快乐是"肉体的无痛苦和灵魂的无纷忧"，是适度的、健康的；而非自然的快乐，比如对权利的欲望、虚荣心等等则令人厌恶。

此外，伊壁鸠鲁还认为，人的灵魂是与肉体同生共灭的。在伊壁鸠鲁之前，灵魂不朽的观念几乎被所有的哲学家公认，但伊壁鸠鲁却认为，灵魂与肉体是不可分离的，当肉体死亡，灵魂也同时毁灭；同样的，灵魂消亡时，肉体也将死亡。因此，人们不必害怕死亡，因为当我们存在时它还没有到来，而当它到来的时候，我们已经不存在，那又何必害怕呢？

小知识：

伊壁鸠鲁（公元前 341 年～公元前 270 年）

古希腊哲学家、无神论者、伊壁鸠鲁学派的创始人。他认为快乐是生活的目的，是天生的最高的善。人是以个人快乐为准则的生物，生活的目的就在于解除对神灵和死亡的恐惧，节制欲望，远离政事，审慎地计量和取舍快乐与痛苦的事物，达到身体健康和心灵的平静。

7. 灵魂学说
——新柏拉图主义

人类不同于其他动物的特性就在于他对善恶和是否合乎正义以及其他类似观念的辨认。——亚里士多德

　　新柏拉图主义的创始人普罗提诺是晚期希腊哲学中无可争议的大师级人物，堪称整个古代希腊哲学伟大传统的最后一个辉煌代表。他的一生几乎是和罗马史上最多灾多难的一段时期同步，可是他却在自己的学说中始终观照着一个善与美的永恒世界。

　　普罗提诺出生于205年的埃及，此时的罗马帝国已经度过最辉煌的时期，渐渐走向衰败。一方面，军人们各怀私心，无心为国，导致日耳曼人和波斯人纷纷入侵，战争的伤亡加上瘟疫的流行，罗马帝国的人口减少了三分之一；另一方面，赋税的增加与收入的减少造成财政的崩溃，很多公民不得不逃亡以躲避税收。就是在这样一个混乱的年代里，普罗提诺选择对于纯粹精神的思考和追求，而完全放弃对现实世界的观照。

　　28岁时，普罗提诺来到亚历山大里亚，跟随萨卡斯学习哲学长达11年之久，后来为了了解波斯哲学，他又加入罗马对波斯的远征军。但这次战争以罗马的失败告终，普罗提诺逃回到罗马定居下来，并建立一所学校。他生活简朴、乐于助人，加上精通希腊各派哲学，又热情洋溢，因此拥有不少的追随者。他的学说很符合当时奴隶主集团的统治需要，因此吸引了大部分的贵族，其中还包括当时的罗马皇帝和皇后。他曾经说服罗马皇帝加里努斯在坎帕尼亚建立一座"柏拉图城"，实现柏拉图的"理想国"，可惜这一计划因为遭到大臣反对而终止。

　　普罗提诺在50岁时才开始自己的著述，一共写了54篇论文。在他死后，他的弟子波菲利将他的作品编辑成书，因为这本书共有六卷，每卷都是九篇，所以被取名为《九章集》。在书中，普罗提诺详细阐述自己的理论——"太一"说、"流溢"说和灵魂解脱说。

就像罗素所说的,"普罗提诺既是一个终结又是一个开端——就希腊人而言是一个终结,就基督教世界而言则是一个开端。对于被几百年的失望所困扰、被绝望所折磨的古代世界,普罗提诺的学说也许是可以接受的,然而却不是令人鼓舞的。但对于粗鄙的、有着过剩的精力而需要加以约束和指导但不是加以刺激的野蛮人的世界来说,则凡是普罗提诺教导中能够引人深入的东西都是有益的,因为这时候应该加以制止的坏东西已经不是委靡而是粗暴了。"

新柏拉图主义从根本上来说是对柏拉图主义的继承,但同时却带有折衷主义的倾向。

新柏拉图主义建构了超自然的世界图示,更明确地规定人所在的位置,把人神关系置于道德修养的核心,同时强化哲学和宗教的同盟,具有更浓厚的神秘主义色彩。

新柏拉图主义认为,世界有两极,一端是被称为"上帝"的神圣之光,另一端则是完全的黑暗。

灵魂能受到神圣之光的照耀,但物质则处在光无法照到的黑暗世界,因此最接近上帝的光芒,就是人的灵魂。在某些时候,人甚至可以体验到自己就是那神圣的自然之光。

新柏拉图主义最重要的学说就是"太一"。普罗提诺认为,"太一"和理智、灵魂是三个"首要本体",所谓本体也就是最高的、能动的原因,决定存在和本质。而"太一"则是神本身,也就是善本身,它是万物的真正根源,圆满自足,但并非是个别事物的总和。

从"太一"学说又产生"流溢"说,这是上帝的创造活动,在流溢的过程中上帝不会有任何的损伤,因为上帝是不可及、不可少的。他就好像"太阳"或者"源泉",流出但不会减少其自身的光芒。

小知识:

阿图尔·叔本华(1788~1860)

德国哲学家。他继承康德对于现象和物自体之间的区分,坚持物自体,并认为它可以透过直观而被认识,将其确定为意志。意志独立于时间、空间,所有理性、知识都从属于它。人们只有在审美的沉思时逃离其中。同时他还将自己的极端悲观主义和此学说联系在一起,认为意志的支配最终只能导致虚无和痛苦。

8.基督是唯一的力量
——基督教神学

> 人是万物的尺度,是存在事物存在的尺度,也是不存在事物不存在的尺度。——普罗泰戈拉

耶稣受难

基督教发源于公元一世纪的巴勒斯坦的耶路撒冷地区,其创始人为耶稣。耶稣出生在犹太的伯利恒,三十岁左右开始在巴勒斯坦传教,他宣称自己不是要取代犹太人过去记载在旧约圣经上的律法,而是要成全它。其思想的中心在于"尽心尽意尽力爱上帝"及"爱人如己",他希望人们悔改自己的恶行,回归到天国的怀抱。

耶稣的宣讲在当时产生了极大的影响,街头巷尾都谈论着他创造的神迹和言论。但他的言行却影响到犹太教祭司团的利益,为了保住自己在民众中的地位,罗马帝国驻犹太总督彼拉多将耶稣逮捕,并将他钉上了十字架。

据说,在死后的第三天,耶稣从石窟的坟墓中复活,他多次向自己的教徒显现,令其更加确信他是胜过死亡的救世主。当他超脱这世界的时空之后,那些虔诚的门徒组成一个团体,发誓彼此相爱、奉基督之名敬拜上帝,而这个新的团体就是基督教会。

起初基督教只是被罗马政府视为犹太教的一支,但犹太教则把它视作异端。

后来,因为基督教乐于接受各个阶层和各个种族的信徒,就连奴隶也可被接纳为兄弟,便逐渐壮大起来。由于教会人数已经发展到不可忽视的程度,从尼禄皇帝开始对基督教进行大肆迫害,许多主教和信徒被烧死。如此的恐怖却无法阻止人们追随耶稣的脚步,基督教会最终成了最具影响力的团体。

313 年,为了巩固自己的统治,收买人心,君士坦丁大帝颁布《米兰诏书》,承认基督教的地位。391 年,罗马皇帝狄奥多西一世正式宣布基督教为国教,再次肯定了它的地位。

476 年,西罗马帝国被日耳曼人所灭,很多日耳曼人的部族也开始皈依基督宗教。由于日耳曼人的文化水平比较低,甚至连自己的文字也没有,教会便成了中世纪西欧的唯一学术权威,开始了对哲学长达数百年的统治。

基督教伦理学,也叫"基督教道德论"或"道德神学"。它是神学的一部分,以圣经为基础,从基督教信仰和人类理性的角度出发,去研究人寻求人生目的时所遵循的一些原则。

基督教神学根据认识上帝的途径的不同,又有自然神学与启示神学之分。自然神学指运用人的天赋理性从自然世界入手而达到的对上帝的认识,启示神学则指依靠神的特定启示而获得对上帝的认识。

由于社会环境的变化和不同思想的影响,基督教神学先后出现过观念不同的各种流派,比如古代的教父神学和异端神学,中世纪的经院神学和异端神学,以及改革时期的路德主义、加尔文主义、茨温利主义等。

按研究的内容划分,基督教神学又可分为论证上帝的存在和属性的上帝论,论述上帝透过基督道成肉身向人启示自身的基督论,论述基督如何拯救世人的救赎论,论述作为上帝造物的人的本性的人性论,论述作为信仰团体的教会之性质的教会论,论述各项礼仪的性质和功用的圣事论,论述人类和世界最终结局的终极论等。

基督教的伦理是以神为中心的,神的启示是伦理的基础,这是绝对不会改变的规范,正所谓"善的能力完全是建基于那位善者(神)身上,道德行为不能建立在抽象的善上"。而伦理道德的最终目标是为了荣耀上帝。

9.上帝之国
——教父哲学

> 人类用认识的活动去了解事物,用实践的活动去改变事物;用前者去掌握宇宙,用后者去创造宇宙。——克罗齐

公元二世纪,基督教正面临着来自罗马帝国、哲学家、犹太人和异端四个方面的挑战和威胁,他们都反对迅速发展的基督教。为了维护基督教的发展,当时教会中的人拿起哲学这一武器,把它当作为基督教教义辩护的工具。

因为他们是宣讲的护教者,所以人们尊称他们为"教会的父老",简称"教父"。这一批人分别是查士丁、塔提安、伊雷纳乌斯、克莱门、奥里根等人,他们出生在东方,多半以希腊文进行写作,所以也被称为东方希腊教父,他们也正是教父哲学的创始者。

之后,一批生长于西方,用拉丁文进行宣讲和著书的教父们成长起来,他们分别是德尔图良、杰罗姆、安布罗斯、奥古斯丁、格雷高里等人,因此他们也被称作西方拉丁教父。西方拉丁教父对古希腊哲学进行明确的选择,将新柏拉图主义加入基督教教义中,使哲学和神学混为一体。而在西方拉丁教父中,最著名的则是奥古斯丁,也正是他,将教父哲学推向了全盛时期。

354年,奥古斯丁出生于北非,他的父亲是一个地位显赫的异教徒,贪恋世俗享受,但母亲却是个忠诚的基督教徒,父亲的纵情任性和母亲的虔诚都在他的身上留下了印记。起初的奥古斯丁是个如父亲般放浪形骸的人,他十七岁便与一个少女同居,并生下私生子。但十九岁那年,他读到西塞罗的著作,萌发追求真理的意识,开始研读圣经。但当时的圣经对他并没有强烈的吸引力,"圣经对于我好似没有价值,不足以与西塞罗的庄严文笔相媲美"。于是他便转向了一种思想混合的二元主义,加入摩尼教。

奥古斯丁信奉摩尼教足足有九年的时间。在这段时间里,他开始对摩尼教的教义产生怀疑,于是他专门去见摩尼教的首领,希望能够得到指引。但这位首领在

教理上难以自圆其说,令奥古斯丁非常失望,他脱离摩尼教,并迁居到米兰当一名教授。

奥古斯丁把上帝比作真理之光,把人的心灵比作眼睛,而把理性比作心灵的视觉,正是上帝的光照使心灵的理性看到真理。

在米兰的日子里,奥古斯丁继续保持着他放纵的生活。尽管母亲为他定下一门亲事,他却结识另一个女子,并与她非法同居,这是他一生中道德水平最低的时期。此时的奥古斯丁热衷于新派的怀疑哲学,但同时因为基督教教士安波罗修出色的演讲才华,他也同时保持着听基督教教士传教的习惯。

后来,奥古斯丁读到新柏拉图派威克多林的传记,看到书中写到他在年老时皈依基督的事情,突然大受感动,觉得自己虽然是知识分子,但却放纵情欲,不免羞愧难当。

自责之时,他在花园中彷徨懊恼,忽然间他的耳边响起清脆的童声:"拿起,读吧! 拿起,读吧!"他立刻拿起手边的圣经,正好翻到这样一句话"不可荒宴醉酒;不可好色邪荡；不可争竞嫉妒。总要披戴主耶稣基督，不要为肉体安排，去放纵私欲"（罗马书十三 11—14）。这时，他"顿觉有一道恬静的光射到心中，驱散了阴霾笼罩的疑云"，寻找到他毕生所追求的东西。他离开情妇，辞去教职，隐居到一处山庄，开始潜心研究哲学。第二年他受洗于安波罗修，成为一名虔诚的基督教徒。

从这个时候开始，奥古斯丁潜心于基督教教义的钻研，他运用新柏拉图主义论证基督教教义，确立了基督哲学，并首先提出信仰第一、然后理解的原则，为西欧中世纪的经院哲学奠定了基础。

奥古斯丁认为只有善才是本质和实体，它的根源就是上帝，而罪恶只不过是"善的缺乏"或"本体的缺乏"。上帝是一切善的根源，本身并没有在世间和人身上创造罪恶，罪恶的原因在于人滥用上帝赋予人的自由意志，背离善之本体（上帝）。

他所代表的教父哲学包括以下几个方面：

一、三位一体论。三位一体论继承于新柏拉图主义的流溢学说，认为在神那里存在和本质是同一的。神为了显示其权能而发射出 Logos，因此 Logos 与神是同一的，只是就位格而言是不同的，而耶稣基督都是 Logos 的人格化，所以父及其子耶稣基督乃是同一个神。至于圣灵，与 Logos 一样来自唯一的神，所以在实体上父、子、圣灵是完全同一的。父、子、圣灵，三而一、一而三，既具有三个位格，又共是一个神，而且是唯一的神。

二、救赎论和预定论。神主持正义，又表现仁爱，人类只有依靠神才能恢复被败坏的本性，因此神的帮助对人来说是必不可少的。另外，人的活动都是神预先安排的，这就是"预定论"。

三、天国论。为了实现神的意旨，人类必须从自私、贪图物质和无视神，转变为蔑视自己、抛弃物质和爱神，努力建立以神为核心的善的国度，以达到来世回归天国，和神结合在一起，享受永生。

小知识：

奥古斯丁（354～430）

古罗马帝国时期基督教思想家，欧洲中世纪基督教神学、教父哲学的重要代表人物。他的理论是宗教改革的救赎和恩典思想的源头，对于新教教会，特别是加尔文主义影响深远。

10. 神学的最后光芒
——经院哲学

我们的罪恶,乃是对造物主的侮蔑。而犯罪,就是藐视造物主,那就是,不为他的缘故而去做那为我们所相信应该为他而做的事情,或者是不为他的缘故而去舍弃那为我们所相信应该舍弃的事情。——阿伯拉尔

公元 5 世纪,曾经繁盛一时的西罗马帝国因为自身的腐朽和匈奴的进攻内外交困,最终在奴隶起义和外族的入侵下灭亡。蛮族的入侵将罗马帝国的版图瓜分殆尽,在其版图上产生了十个新的国家,其中就有一个叫做法兰克王国。法兰克的统治者皈依基督教,获得高卢—罗马人的大力支持。之后经过几百年的征战,法兰克王国蚕食周围不少地区,成为西欧最强大的国家。800 年,法兰克国王查理被罗马教皇加冕为"罗马人的皇帝",史称查理大帝。

这位查理大帝及其继承人深刻地意识到文化对于自身统治的重要意义,在全国境内兴办学校、招聘学者、发展教育,教授"七艺"(文法、修辞、逻辑、算术、几何、天文和音乐),这段时间便是著名的"加洛林王朝文化复兴"。而因为皈依基督教而获得大力支持的查理大帝也非常明白教会的影响力,所以在这段时间里,基督教会实际上扮演整个文化复兴的主要传播者的角色。教士们担任大部分的教师工作,学校基本上都修建在教堂或修道院附近,而神学哲学则是最主要的课程和最重要的研究对象。正是在这样的背景下,中世纪神学哲学化发展到最高阶段的产物经院哲学产生了。

当时绝大多数的经院哲学家都是多米尼古修道会的修士,他们的哲学实际上还是局限在基督教教义范围内,是为宗教神学服务的一种思辨哲学,其主要目的是为宗教信仰找到合理的根据。经院哲学反对离开教义而依靠理性和实践去认识和研究现实,他们的理论往往不会经过实践的检验,因此常常会有一些荒唐的议题,比如"天堂里的玫瑰花有没有刺?""上帝能否制造出自己举不起来的石头?"等等。

经院哲学的代表人物是托马斯·阿奎纳。他出身于意大利一个贵族家庭,他

查理大帝是天主教会最伟大的支持者和守卫者,并且透过教会来鼓励学问和艺术。

的家族一直都与教廷和神圣罗马帝国皇帝保持着亲密的关系,因此他很小时便被寄希望成为一名出色的修道院院士。

依照家族的意愿,5岁时的托马斯·阿奎纳便进入修道院学习,但16岁那年,他忽然迷上道明会。这一转变令他的家庭非常不满,家人将他监禁两年,采用各种方法威逼利诱,却未能使他改变信仰,最后在教皇的干预下,他的家族不得不妥协,同意他加入道明会。之后,他辗转于各地学习神学,在取得神学博士学位之后,他开始担任修道会院长,并担任教职。在传教过程中,托马斯·阿奎纳记下许多的授课笔记,并开始撰写他的著作《神学大全》。这本书详细记载了他的哲学观点,也成为经院哲学的最高代表作品。

1273年,托马斯·阿奎纳停止写作,使得这本《神学大全》成为一本未完成的作品,当别人问他为何要封笔时,他说:“我写不下去了……与我所见和受到的启示相比,我过去所写的一切犹如草芥。”也许,不能将他所受到的神的启示完全记载下来,应该是他终身最大的遗憾吧!

“经院哲学”(Scholaticism)最初是在查理大帝的宫廷学校以及基督教的大修道院和主教管区的附属学校发展起来的基督教哲学。因为这些学校是研究神学和哲学的中心,学校的教师和学者便被称为经院学者(经师),所以他们的哲学就被称为经院哲学。

经院哲学主要是对天主教教义、教条进行论证,以神灵、天使和天国中的事物为对象,但同时也涉及到一些哲学问题,其中讨论最多的便是关于一般和个别的关系问题。而对于一般和个别的问题的不同观念,经院哲学家更是分成抗争激烈的两派,即唯名论和唯实论。唯实论认为,一般先于个别,是存在于个别事物之外的一种实在;唯名论则认为,只有个别事物是实在的,一般知识是人们用来表示个别事物的名称和概念,没有实在性。

而从这两种观点出发,他们对伦理学有着不同的看法。比如阿伯拉尔把善恶归诸个人的意向和良知。他认为一个行动的是非不在其后果,而在于行动者的动机。也就是说,一切从善的意向出发的

天主教教会认为托马斯·阿奎纳是历史上最伟大的神学家,将其评为33位教会圣师之一。

行动都是善的,一切从恶的意向出发的行动都是恶的。恶没有实体,而是善的缺乏,是不当为而为之,或者当为而不为。

小知识:

让-保罗·萨特(1905~1980)

他是法国无神论存在主义的主要代表人物。认为"存在主义是一种人道主义",其代表著作有《存在与虚无》、《辩证理性批判》等。

11. 信仰之光
——神秘主义

> 当你爱别人少于爱你自己，你就不能真正爱自己。但是如果你能以同样的爱去爱包括你自己的每一个人，你则表现了平等的大爱。——梅斯特·艾克哈特

可以说，有基督教哲学的存在，就必然有神秘主义的存在。神秘主义的思想应该可以上溯到苏格拉底那里，他的学说中有不少神秘主义的影子。在柏拉图记载的对话中，苏格拉底就常常探讨转世以及神秘宗教等议题，他认为天上和地上各种事物的生存、发展和毁灭都是神安排的，神是世界的主宰。

神秘主义的思想不仅仅能在苏格拉底身上找到，有些人还认为柏拉图记载的那些有关神秘主义的对话其实是柏拉图自己的理念，也就是说，这其中神秘主义的思想实际上是柏拉图的。其实不管这种思想是属于谁的，有一点不可否认，神秘主义的思想自有哲学以来，就是一种无法被抹煞的存在。

不过，神秘主义显然只是从苏格拉底以来的诸位哲学家整个哲学思想中偶然浮现的一小部分，真正的神秘主义哲学，最终还是要归结到十三、十四世纪的艾克哈特等人身上。

梅斯特·艾克哈特，原名强尼斯·艾克哈特，因为他在巴黎获得大师的头衔，"大师"在德语中叫做 Meister，所以他被人称为梅斯特·艾克哈特。艾克哈特1260年生于德国图林根一个骑士家庭，青年时期他便就读于巴黎大学神学院，并加入了多米尼克修会，担任该修会在萨克森等地的分会长，后来还在巴黎和科隆担任神学教授。

十三、十四世纪正是经院哲学繁盛的时期，阿尔伯特、托马斯等人建立了神学与哲学的亲密关系，使得哲学成为了神学的附属，但同时也将神学研究局限在本质上是世俗学问的亚里士多德哲学上。就在经院哲学家们热衷于用逻辑来证明上帝存在的时候，艾克哈特却成为当时的异类，投入新柏拉图主义的怀抱。

"他们对于学术界做的无聊繁琐研究极为厌恶,进而得出结论说,这样的努力和宗教信仰的生活没有什么关系。这样,他们就倾向于强调理性的局限性……"艾克哈特继承新柏拉图主义和奥古斯丁的思想,并最终以深刻的思辨性开启了神秘主义的途径。

艾克哈特将精神真理不可名状性的信念与一种对语言的观点结合起来,认为上帝是不可规定和不可透过理性来证明的精神实体,他存在于个人的沉思默想和神秘直观之中,人类透过心灵之光与上帝相融合。"信仰之光也就是意志中的活力之源",信仰能够引导人们升华,并最终返回到上帝之中,获得完满。

然而,因为对上帝的理解表现出脱离基督教神学正统的倾向,艾克哈特的神秘主义思想体系在当时被天主教会斥为异端,他的著作也被当作禁书销毁。但教廷的禁制令无法抹煞人们对这一思想体系的追逐,他的神秘主义学说依然流传下来,并最终影响现代神学体系的建构。

在经过近七世纪的贬抑之后,教会终于承认了艾克哈特的伟大地位,正式为他平反。在今天的基督教神学界,艾克哈特的思想已经被公认为是最纯粹的正统的。

"神秘主义"(mysticism)一词最早出自希腊语动词 myein,意即"闭上",尤其指"闭上眼睛"。之所以要闭上眼睛,乃是出自对透过感官从现象世界获得真理、智慧感到失望。不过这并不表示它放弃对真理的追求,而是主张闭上肉体的眼睛,睁开心灵的眼睛,使心灵的眼睛不受现象世界的熙熙攘攘所干扰,进而返回自我,在心灵的静观中达到真理、智慧。

公元前五世纪左右,"神秘"一词被引入哲学术语中,古典哲学家们开始用神秘一词解释宗教。公元四世纪,基督教的神学家们开始采用这个词,将其解释为和上帝交往的经验的最高阶段,是与上帝的合一。

小知识:

胡塞尔(1859~1938)

德国哲学家,20世纪现象学学派创始人。他发展布伦塔诺的意识意向性学说,建立从个人特殊经验向经验的本质结构还原的"描述现象学"。他还提出一套描述现象学方法,即透过直接、细微的内省分析,以澄清含混的经验,进而蘡得各种不同的具体经验间的不变部分,即"现象"或"现象本质"。这一方法又被称作本质还原法。代表著作有《算术哲学》、《逻辑研究》、《作为严格科学的哲学》、《纯粹现象学和现象学哲学的观念》、《形式的和先验的逻辑》等。

12. "地心说"与"日心说"的战争——异端哲学

习俗提供伦理学所依存的唯一基础。——西塞罗

在古代,人们没有能力去了解地球以外的世界,因为看到太阳每天升起、降落,又无法感觉到地球的转动,便本能地以为地球才是宇宙的中心,其他的星体都是围绕着地球转动的。这种观点最早由古希腊学者欧多克斯提出,后来的亚里士多德、托勒密等也都持着同样的观点。

托勒密还建立了完善的"地心说"模型,认为地球处于宇宙中心静止不动,在地球外则依次有月球、水星、金星、太阳、火星、木星和土星,在各自的圆轨道上围绕地球运转。到了13世纪,天主教将"地心说"与圣经中的基督教义混杂起来,接纳"地心说"为世界观的"正统理论",一直到17世纪,"地心说"都是被公认的权威

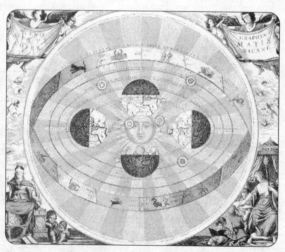

哥白尼的"日心说"沉重地打击了教会的宇宙观,这是唯物主义和唯心主义的伟大交锋。

说法。

但到了16世纪,"地心说"的权威地位正式遭到挑战。其实,在之前的几个世纪里,随着观察仪器的改进,科学家对行星的位置和运动规律的测量越来越精确,已经发现行星的实际位置与模型的计算结果有差异。但这时的人们还没有意识到真正的问题出在"地心说"上。

1473年,一个叫哥白尼的男孩出生于波兰一个富裕的家庭。在大学学医期间,他对天文学产生浓厚的兴趣,并在天文学家德·诺瓦拉的引导下学习天文观测技术以及希腊的天文学理论。1499年,哥白尼回到波兰,成为天主教的一名教士,他住在教堂的顶楼,长期进行自己喜爱的天文观测。

在很长的时间里,哥白尼一直不停地观测着天体的运行,他的测量结果与托勒密的天体模式并没有太大的区别。一天,哥白尼突发奇想,如果在另外一个运行的行星上观察行星的运行,会有什么样的结果呢?于是在接下来的时间里,他开始在不同的时间和距离上观察行星,却发现每一个行星的情况都不相同,于是他意识到,地球不可能在星星轨道的中心。经过漫长的观测和思考,哥白尼发现一个事实,地球和太阳的距离始终没有改变,也就是说只有太阳的周年变化不明显。于是哥白尼确定一个观念:太阳才是宇宙的中心,地球也是围绕着太阳运行的。

然而,当时的哥白尼根本不敢将自己的研究成果公诸于世,身为天主教徒,他非常清楚天主教对于"地心说"的维护,直到1533年,他才敢稍稍公开自己的研究成果。因为谨慎,哥白尼并没有遭到教会的制裁。

在当时的社会,一般人认为布鲁诺的思想简直是"骇人听闻",甚至连那个时代被尊为"天空立法者"的天文学家开普勒也无法接受。

但之后的人就没有这么幸运了。热情的年轻人布鲁诺迷上哥白尼的"天体运行论",并四处宣扬他的"日心说"观点。这种直接挑战天主教权威的行为惹怒了教会,布鲁诺被指控为异教徒,被迫离开祖国,流浪海外,即使这样,他也没有放弃对"日心说"的宣传。最后,教会买通布鲁诺的朋友,诱骗他回到祖国,借机逮捕他,并将他活活烧死在罗马的百花广场上。因为支持哥白尼的"日心说",与布鲁诺同时代的另外一个科学家伽利略同样遭到无尽的迫害，他在自己的著作里以充分的论据和事实证明哥白尼"日心说"的正确性，但在教会的压力下，被迫同意放弃哥白尼的学说，最后在常年的监禁生活中悲惨地死去。

　　然而，真理永远不会被掩盖，在这场"地心说"与"日心说"漫长的斗争中，尽管付出了惨痛的代价，真理终于获得胜利。

　　何谓异端？从字面上看，只要触犯正统思想的，就是异端。哥白尼、布鲁诺、伽利略等科学家，就是因为他们的发现证实了当时被视为正统思想的基督教"地心说"的错误，有损于基督教所极力宣扬和维护的上帝的权威，因此遭到了制裁。因此，异端哲学的概念其实非常广泛，包括以后的唯心论在内的很多哲学理论，都可以被视为异端哲学，因为很长时间内宗教统治的权威性，它们并不容许其他思想的存在，所以很多的哲学家都被视为异端，他们的哲学思想也被视作异端哲学。

小知识：

路德维希·维特根斯坦(1889～1951)

　　哲学家、数理逻辑学家。语言哲学的奠基人。他主张哲学的本质就是语言，语言是人类思想的表达，是整个文明的基础，哲学的本质只能在语言中寻找。他消解传统形而上学的唯一本质，为哲学找到新的发展方向。

13. 无条理的自然
——人文主义伦理

> **这样一个人的存在使人备感活在世上的欢欣。——尼采评价蒙田**

"良心的力量很奇妙！良心使我们背叛，使我们控诉，使我们战斗。在没有外界证人的情况下，良心会追逐我们，反对我们。

尤维纳利斯说：'良心就像用一根无形的鞭子，在随时随地抽打我们，充当我们的刽子手。'

柏拉图认为，惩罚紧紧跟在罪恶的后面。希西厄德纠正柏拉图的说法，他说惩罚是与罪恶同时开始的。谁在等待惩罚，就在受惩罚；谁该受惩罚，就在等待惩罚。恶意给怀着恶意的人带来痛苦。

做坏事的人最受做坏事的苦！犹如胡蜂刺伤了人，但是自己受害更深，因为它从此失去了自己的刺和力量。

阿波罗多罗斯在梦中见到自己被斯基泰人剥了皮，放在一口锅里煮，他的良心喃喃对他说：'你的所有痛苦都是我引起的。'伊壁鸠鲁说：'坏人无处藏身，因为他们躲在哪儿都不安宁，良心会暴露他们。'

良心可使我们恐惧，也可使我们坚定和自信。一个人能在自己的人生道路上经过许多险阻而步伐始终不乱，就是因为对自己的意图深有了解，自己的计划光明正大。

奥维德说：'人的内心充满恐惧还是希望，全凭良心的判断……'

苦刑是一项危险的发明，这像是在检验人的耐心而不是检验人的真情。能够忍受苦刑的人会隐瞒真情，不能够忍受苦刑的人也会隐瞒真情。痛苦能够使人供认事实，为什么就不能使人供认非事实呢？另一方面，如果那个受到无理指责的人有耐心忍受这些折磨，罪有应得的人难道就没有耐心忍受这些折磨，去获得美好的生命报偿吗？

相信这项发明的理论基础是建立在良心力量的想法上。因为对有罪的人，似

蒙田是启蒙运动以前法国的一位知识权威和
批评家,更是一位人类感情冷峻的观察家。他
的哲学随笔因其丰富的思想内涵而闻名于世,
被誉为"思想的宝库"。

乎利用苦刑可以使他软弱,说出他的错误;然而无罪的人则会更加坚强,不畏苦刑。
说实在的,这个方法充满不确定性和危险⋯⋯"

这是蒙田《随笔集》中的《论良心》。在他这本著名的作品中,蒙田用平淡自然
的文字表现自己对人生的种种理解,以及对伦理的所有想法,充满哲理和巧思。

著名的哲学家狄德罗说,蒙田的《随笔集》都是"无条理的",但恰恰是在这"无
条理"中展现"自然"。蒙田正是在这看似漫不经心的简单叙述中,展现自己对于哲
学、对于伦理学最深的理解。

蒙田是人文主义伦理的代表人物。人文主义伦理学家主要继承和发展了古希
腊德谟克利特、伊壁鸠鲁等人的快乐主义等伦理思想,在批判封建宗法等级制度和
宗教禁欲主义的抗争中,形成代表新兴资产阶级的道德观。

人文主义者相信人是自然的产物,人的欲望是人的本性,欲望支配人的感情和
行动,凡是符合人自然本性的都是道德的;反之,就是不道德的。人文主义者反对

禁欲主义,认为禁欲违反人性,是真正不合乎道德的。个人主义、利己主义是人文主义者伦理思想的核心,他们认为人的本性是利己的,人应该追求自己的欲望,尽情享受自由和快乐。

人文主义者认为人处于自然的中心,凌驾于其他生物之上,人的本性不是由上帝决定的,人有自由意志,能够自己决定自己的命运。人的高低贵贱在于人的品德而不是财富,良好的道德修养可以令人不朽。

同时,人文主义者还很注重智慧在道德生活中的作用,强调智慧使人聪明有德,更是人类幸福的源泉。完美的人应该具有强健优美的体格,同时还要有智慧和美德。

小知识:

熊十力（1885～1968）

新儒家开山祖师。他的哲学观念是体用不二、心物不二、能质不二、天人不二。他试图在儒学价值系统崩坏的时代,重建儒学的本体论,重建人的道德自我,重建中国文化的主体性。

14.加尔文独裁
——宗教改革的伦理思想

加尔文的宗教恐怖统治比法国革命最坏的血洗还要可憎。——巴尔扎克

　　约翰·加尔文,法国著名的宗教改革家、神学家,基督教新教最重要的派别加尔文教(又称胡格诺派)的创始人。

　　加尔文 1509 年生于法国努瓦,他从小便接受良好的教育,14 岁那年就来到巴黎深造,并先后就读于奥尔良、勃鲁、巴黎三所大学。他起初学习的是法律,后来,马丁·路德引发的宗教改革运动影响到巴黎,原本是天主教徒的加尔文受其影响,改信新教。因为之前良好教育打下的基础,加上清晰精确的逻辑分析能力,加尔文很快便崭露头角,成为名噪一时的福音教师。也因为如此他遭受到政治上的迫害,被迫逃往瑞士巴塞尔。

　　这时,新教的内部也起了纷争,因为不同的派别观念而陷入严重的分裂,急需从理论上对新教教义做出具体的原理性的阐释。在其他的教派领袖忙于争论的时候,身在瑞士的加尔文却静下心来潜心钻研。法国国王发表公开信指责法国新教煽动无政府主义,为了反驳他的说法,为自己辩护,加尔文在 1535 年写出他最著名的作品《基督教原理》。这本书对新教教义做了系统的阐述,一经出版便成为了新教的经典著作。

　　1536 年,名声大振的加尔文访问了日内瓦,并被聘为日内瓦新教团体的领袖和导师。起初加尔文的努力并不是一帆风顺的,他要求拥有绝对的权力,让市政会成为执行他命令的机构。他向日内瓦市政会提交“新教十戒”,这是一套教义问答手册,并要求市政会强迫每一个利伯维尔民都宣誓并公开接受这一忏悔书,如果拒绝将被驱逐出城。

　　加尔文的强硬手段很快遭到拒绝,人们难以接受这样的条件,他们拒绝向加尔文发誓效忠,而市政会也向加尔文表示,不能将布道强加上政治目的。1538 年,加

公元1572年发生的圣巴托洛缪惨案，是法国天主教派对深受加尔文影响的胡格诺派进行的一次大屠杀。

尔文和其他一些反抗当局的传教士一起遭到驱逐，他被迫离开了日内瓦。

　　然而，铁腕政治被取消之后带来的却是混乱的场面。人们在信仰方面开始迷惘，渐渐地，越来越多的人开始怀念加尔文，他们力主将加尔文重新召回。迫于压力，市政会再次向加尔文伸出了橄榄枝，并允诺加尔文要求独裁的愿望。

　　就这样，加尔文再次回到日内瓦，同时带来的，是他独断专行的思想。他制订的法令非常严苛，提倡节俭、反对奢靡，严禁一切享乐行为，演戏和赌博都是不允许的；凡听讲道迟到、念玫瑰经、拜偶像、望弥撒、唱歌跳舞、酗酒吵架和亵渎上帝者，法庭都可警告、罚款、监禁，乃至烧死。所有的决定权都被收归到加尔文手中，任何人只要违背他的意愿便会遭到惩罚。在1553年，加尔文就以异端的罪名烧死发现人体血液小循环的西班牙著名医生塞尔维特，只因为塞尔维特与他在基督教的理解上有所不同。

　　加尔文的独裁一直持续到1564年他的过世。然而，这个独裁者在死后却被人们发现，他几乎没有私人财产，甚至连丧葬的费用也只能由朋友代为支付。也就是说，在这数十年的统治之中，他并没有为自己争取过任何的个人利益，他所做的一切，也许真的只是为了实现他的宗教理想，然而面对所发生的一切，怎能不让人感叹。

　　有人这么说："如果说马丁·路德推动了宗教改革的滚石，加尔文则在这滚石粉碎之前使它停止转动。"

　　加尔文认为，上帝的灵与上帝的工作同时进行，而促成人的"相信"，当圣灵在人心中运行光照人心,使人读了上帝的话而产生信心,所以人并非用理性接受信仰,亦非用理性确认圣经的权威,而是圣灵那奥秘的力量所做的工作。得不得救在于神的挑选,人的选择在这件事上是毫无主动权的。

此外,他还发展了马丁·路德所提出的因信称义之论述,提出"双重恩典"说,第一个恩典是在神的眼中算为义;第二个恩典则是当人接受耶稣与基督联合之时,信徒便可进入更新的过程,使其内在生命更像基督。

小知识:

苏格拉底(公元前469年~公元前399年)

古希腊哲学家。他是第一个把哲学从研究自然转向研究自我,将灵魂看成是与物质有本质不同的精神实体的哲学家。他认为"意见"可以有各式各样,"真理"却只能有一个;"意见"可以随个人以及其他条件而变化,"真理"却是永恒的,不变的。

15.君主论
——政治伦理学

> 世上的一切生物,既非孤立生存,亦非只为自身生存。——布莱克

尼可罗·马基雅维利1469年出生于意大利的佛罗伦萨一个没落贵族家庭,父亲是一名律师。当时正是文艺复兴时期,经济文化得到大幅度的发展,人文精神在不断复苏,文化艺术成果丰厚,科学技术飞速进步,产生不少对后世影响深远的作品和研究成果。在这样的历史背景中长大,就不难理解马基雅维利为何能成为一名出色的政治思想家和哲学家了。

虽然家庭无法提供良好的学习环境,但依靠自学,马基雅维利还是学到了丰富的知识。1494年,佛罗伦萨的统治者美第奇家族被推翻,佛罗伦萨共和国成立,马基雅维利在共和国政府中担任助理员,几年之后,他又被任命为共和国第二国务厅的长官,并兼任执政委员会秘书。任职之后,马基雅维利极力主张建立本国的国民军,并亲率军队作战,征服了比萨。然而,到了1511年,当马基雅维利前往比萨时,教皇的军队攻陷了佛罗伦萨,美第奇家族重新控制大权,马基雅维利丧失了一切职务,并在1513年被关入监狱。

在经历一系列的严刑拷打并缴纳大笔赎金之后,马基雅维利终于被释放。之后,他隐居乡间,开始从事写作。在他给朋友的信中是这样描述那段生活的:"傍晚时分,我回到家中的书桌旁,在门口我脱掉沾满灰土的农民的衣服,换上我贵族的宫廷服,我又回到古老的宫廷。遇见过去见过的人们,他们热情地欢迎我,为我提供单人的食物,我和他们交谈,询问他们每次行动的理由,他们宽厚地回答我。在这四个钟头内,我没有感到疲倦,忘掉所有的烦恼,贫穷没有使我沮丧,死亡也没能使我恐惧,我和所有这些大人物在一起。因为但丁曾经说过,从学习中产生的知识将永存,而其他的事不会有结果。"

"我记下与他们的谈话,编写一本关于君主的小册子,我倾注了我的全部想法,同时也考虑到他们的臣民,讨论君主究竟是什么?都有什么类型的君主?怎样去

马基雅维利以主张为达目的可以不择手段而著称于世。在西方，"马基雅维利主义"是贬义词，是旁门左道的文化支流；一旦谁被冠以"马基雅维利主义者"，谁就名誉扫地。

理解？怎样保持君主的位置？为什么会丢掉王位？对于君主，尤其是新任的君主，如果我有任何新的思路能让其永远高兴，肯定不会让其不高兴。"

这本关于君主的小册子在这段时间内完成，它就是马基雅维利最著名的作品《君主论》。从标题中可以看出，这本书讲的就是君主应该如何进行统治的方法。马基雅维利认为，一个君主必须同时具备狐狸的狡猾和狮子的勇猛，在拥有实力的情况下要不择手段地去实现自己的目的。其基本理论有：政治就是为本国谋利益的政治；国家政治制度的存在价值首先在于其存在本身；主张罗马的独裁制即"狄克推多制"。

马基雅维利写这本书的目的原本是为了引起美第奇君主的关注，并藉此在政界东山再起。可惜的是，当时的君主并没有注意他的杰作，但随着时间的流逝，这本书却在社会上引起了强烈反响，成为最有影响力的政治学著作，并被称为"邪恶的圣经"。

简言之，政治伦理学就是研究社会政治生活中的道德准则、政治与道德关系及其发展规律的学科。

在政治的发展初期，政治和道德本身就是息息相关的。人们都认为，政治制度和政治行为都必须以某种道德为基础，道德观念其实就是政治观念，个人的是非标准和社会权利义务基本上是一致的，因此道德观念也就是政治观念。这也正是政治伦理学产生的基础。而写出《君主论》的马基雅维利则是第一个使政治和伦理学真正分家的哲学家。

政治伦理学涉及的是社会政治生活中的道德关系和道德规范，它的目的是对道德这个特殊的意识形态进行政治思考，对社会政治现象进行道德评价，进而揭示政治伦理的规范体系和演变规律。

现代政治伦理学研究的内容十分广泛，主要有：政治与道德的关系；政治管理与道德的关系；政府道德；从政者道德；政治伦理文化等等。

16.休谟的最后一课
——英国经验主义伦理学

思想形成人的伟大。——布莱兹·帕斯卡尔

有这么一个故事：

一位哲学家到了晚年，他意识到自己将不久于人世，于是他将自己的学生都叫来，说要为他们上最后一课。

哲学家带着弟子们来到旷野，让他们围着自己坐了下来，随后问道："现在我们在什么地方？"

"旷野里。"弟子们异口同声。

"野地里长着什么呢？"哲学家又问。

"长满了野草。"弟子们回答道。

"对，旷野里长满了野草，"哲学家说，"现在我想问你们的问题是，该如何除掉这些野草呢？"

弟子们有些惊愕，没有想到老师的最后一堂课竟然是问如此莫名其妙的一个问题，但他们还是开口回答了。

一个弟子说："用铲子便可以铲掉了。"哲学家点点头。

另一个弟子接着说："用火烧也能够除掉所有的杂草。"哲学家微笑了一下，表示赞同。

接下来的弟子说："只要把根挖出来就可以了。"

……

所有的人都讲完，哲学家站了起来，说："今天的课就这样吧！你们回去之后，按照各自的方法除去一片杂草，一年之后再来这个地方相聚吧！"

时间很快过去，一年以后，弟子们重新来到这片草地，只是这块地方已经变成一片长满谷子的农田，再也没有杂草。

弟子们围着农田坐下，等待着老师的到来，但哲学家始终没有出现，因为他已经过世。他给弟子们留下一本书,书的最后写道:"要想除去野地里的杂草,只有一种方法,就是在上面种满麦子。同样,要想让灵魂无纷扰,唯一的方法就是用美德去占据它。"

故事中的哲学家就是大卫·休谟。故事也许只是故事,但却很好地传达了休谟的某些观点。他1711年出生于爱丁堡一个经济条件良好的长老会家庭,童年时代的他接受的是加尔文教的神学观念。少年时期的他虽然看起来木讷害羞,但实际上非常聪明,十二岁就进入爱丁堡大学读书。在大学这段时间里,他开始阅读哲学著作,并最终成为加尔文主义的叛逆者。于是他放弃原本攻读的法律系,决心当一个哲学家。

27岁那年,他发表了自己的第一本著作《人类天性论:实验(牛顿)推理法引入道德主题的尝试》,可惜这本书并没有收到预期的效果。为了生计,他成了詹姆斯·圣克莱将军的私人秘书,这份工作带给他优渥的收入,也让他有足够的钱维持写作。正是在这段时间,他的作品终于受到足够的重视,横跨政治、经济、哲学、历史和宗教的众多著作让他获得显赫的名声。善于言谈的他成为各个沙龙的座上宾,与亚当·斯密斯、卢梭等人有着密切的来往。

1776年,休谟因为直肠癌而病逝。在他的病榻前,波士威尔问这个垂死的哲学家,现在是否相信有一个来世在那里,而休谟肯定地回答他说,那是一个"最没有理智的幻想"。

经验主义伦理学是18世纪兴盛的一种伦理学,它是人在启蒙运动中理性觉醒、自觉反思思想的展现。而休谟则是其中的代表人物。

经验主义者是从事实、经验和感觉出发,而不是从理性、理念或超现实的某种存在出发,去认识和思考道德现象,并以事实、经验和感觉作为道德善恶评价的依据。他们反对将道德、善作为人性固有的东西,也反对将理性作为人的绝对权威,凌驾于情感和欲望之上,要求从人性的角度出发,追求理性与感性的和谐。经验主义者要求从个人经验感觉出发,理解并建构起社会的伦理秩序。

经验主义者坚持以个人快乐的经验感觉作为一切价值的出发点,以追求快乐来看待人性,然后开始对人性的论述。透过对个人获得快乐途径的考虑,以及对社会成员道德状况的反思,经验主义者获得对社会生活方式和社会制度的了解,进而能够要求建立起一种合乎人性成长的社会环境。

此外,经验主义者还相信,人类作为社会动物,是从别人的幸福中自己感到快乐的。所以,他们应当不仅以自己的快乐,同时还要以别人的快乐作为行为的目的。

17.被尊重的犹太异教徒
——欧陆理性主义伦理学

> 热情的被动性是人类的枷锁。理性的主动性才能给人类自由。自由并不摆脱因果法则和过程,而只摆脱偏执的热情或冲动。伟大的人并非是凌驾于他人之上并统治他人的人,而是超越了蒙昧无知的欲望的片面和无益,能够驾驭自己的人。——斯宾诺莎

斯宾诺莎出身在一个犹太人家庭。他的祖先最早在西班牙半岛定居,当时那里还是摩尔人居住的一个省,后来被西班牙征服,开始实行"西班牙属于西班牙人"的政策,驱赶异教徒。斯宾诺莎一家与其他的犹太人一起被迫离开老家,转而到荷兰的阿姆斯特丹定居。

在当时的欧洲,犹太人是被迫害和被歧视的种族。因为他们有着和基督教截然不同的宗教信仰,双方都坚持自己所信仰的上帝才是唯一真正的上帝,其他民族的上帝全是假的,这种观点无疑会让他们彼此视为敌人。另一方面,犹太人多半是新移民,在当时公会的阻止下,他们无法寻找到合适的工作,多半只能去开当铺或者银行谋生。

在中世纪,这两种行业都一直被视为正派人绝对不会做的下流行业。犹太人在欧洲受到的往往是无休止的攻击和迫害,他们被视作应该下地狱的高利贷者和没有信仰的异教徒,他们居住的犹太区被当作邪恶的栖息地。犹太人有时候被逼着反抗压迫,但换来的却是更深的仇恨。这就是当时犹太人的生存环境。

幸运的是,荷兰的种族偏见并没有其他欧洲国家那么强烈,所以斯宾诺莎家族在这里还能够过上平静的生活。在阿姆斯特丹,小斯宾诺莎被送到弗朗西斯科博士那里学习拉丁文和科学。这位博士出身于天主教家庭,但他并不是个偏激顽固的教徒,这也是大家乐意把孩子交给他的原因。

在学习拉丁文的过程中,斯宾诺莎读到一位作家的著作,他就是笛卡尔。这位

参与哲学上所谓的"三百年战争"的哲学家在当时颇具争议性,他如同所有的思想者一样遭到社会上其他人的攻击,他被视为社会制度的敌人,可怕的邪恶思想者。但这一切并不能阻止某些人学习笛卡尔主义的热情,而这其中就包括斯宾诺莎。

就在斯宾诺莎十五岁的时候,犹太教会发生一件大事。一个叫尤里尔·艾考斯塔的葡萄牙流亡者来到阿姆斯特丹,他抛弃被迫接受的天主教,重回犹太教的怀抱。但这位尤里尔是个高傲的家伙,总是以蔑视的态度面对犹太教士们,结果没多久,他就被指控为几本渎圣小册子的作者,被赶出教会。被驱逐出教会的尤里尔贫困潦倒,他没办法找到工作,贫困迫使他回到教会寻求原谅。教会答应重新接纳他,但他必须当众认罪,任由所有的犹太人鞭打才行。高傲的尤里尔无法接受这种侮辱,开枪自杀了。

这件事在阿姆斯特丹引起极大的议论,所以当犹太教会发现斯宾诺莎已经被笛卡尔的新异端思想所污染时,他们感到恐惧。犹太教会的长老立刻找到斯宾诺莎,要求他表示对犹太教的彻底服从,不再散布任何反对犹太教会的言论,并答应给他一笔年金。

斯宾诺莎拒绝犹太教会的要求,根据古老的《惩处准则》,他被赶出了教会。后来,为了平息狂热的犹太教徒对他的憎恨,他被迫离开阿姆斯特丹,来到莱顿附近的莱茵斯堡定居。

之后,斯宾诺莎便开始平淡的生活。他依靠打磨光学镜片为生,白天工作,晚上则进行阅读或写作。他一生都没有结婚,一直独自生活。他的朋友们要接济他,但他仅仅接受每年八十块钱的捐助,维持着一个真正的哲学家所有的贫穷和平静。

1677年,因为玻璃镜头上的粉末感染了他的肺,这位平静的哲学家安宁地死去,死时仅仅留下三四本小册子和几封书信。在他的葬礼上,六辆宫廷马车陪伴着他的棺木直到墓地,无数的人从四面八方聚集而来为他哀悼。尽管他的学说得罪了犹太教徒,也得罪了非犹太教徒,但他依然赢得人们的尊重。精英们敬佩他的智慧,而民众则喜爱他的温和,也许就像黑格尔说的:"要达到斯宾诺莎的哲学成就是不容易的,要达到斯宾诺莎的人格是不可能的。"

欧陆理性主义伦理学是十六、十七世纪在法国等欧洲大陆国家盛行的哲学思潮,它是建立在承认人的推理可以作为知识来源的理论基础上的一种哲学方法。其代表人物有笛卡尔、斯宾诺莎等。

欧陆理性主义从笛卡尔开始,他将心灵与物质彻底区分,一方面接受机械宇宙观,另一方面则从心灵的反省能力去寻索精神与灵性基础,从纯逻辑形式及上帝定义的独特性来论证上帝的存在,这就是"我思故我在"。

　　而到了斯宾诺莎这里,他从形而上学出发,认为无限宇宙必依赖于一无限实体,而这个无限实体正是上帝。上帝也就是无限宇宙,所以宇宙与上帝是一而二、二而一的。因此上帝并非超越的实在,却是与宇宙等同的实体,也是内在一切的无限心灵,为一切有限之心与物模式的基础。

小知识:

斯宾诺莎(1632～1677)

　　荷兰哲学家,西方近代哲学史重要的欧陆理性主义者。斯宾诺莎认为,一个人只要受制于外在的影响,他就是处于被奴役状态,而只要和上帝达成一致,人们就不再受制于这种影响,而能获得相对的自由,也因此摆脱恐惧。斯宾诺莎还主张无知是一切罪恶的根源。

18.老实人
——法国启蒙派伦理学

我坚决反对你的观点,但我誓死捍卫你说话的权利。——伏尔泰

　　老实人是伏尔泰的著作《老实人》中的男主角,他纯朴单纯,天真正直,但头脑简单,所以大家都叫他老实人。

　　老实人在森特一登·脱龙克男爵的府邸中长大,是男爵的养子。后来,男爵为了教育他和自己的女儿,请来一位家庭教师邦葛罗斯。邦葛罗斯认为,"世界尽善尽美",万物皆有归宿,而这归宿必然是最美满的归宿。

　　而这样的观点也被完全灌输给老实人,在这样的想法中,老实人开始觉得男爵的女儿内贡小姐也是个美丽的人儿,便爱上她。谁知道有一次男爵无意中撞见他们的亲密举动,一气之下便将他赶出家门。

　　离开男爵家的老实人开始了流浪生涯。起初他被保加利亚士兵看中,被迫从军,在军队中,他目睹保加利亚与敌国交战后两军厮杀、无恶不作的场面。不久,他就因为在军队中不遵守纪律、擅自行动而遭到毒打。幸好国王路过,得知他是一个青年玄学家,便将他赦免。

　　离开军队的老实人又开始流浪。有一天,他在街上遇见一个肮脏多病的乞丐,谁知道这个乞丐却是他曾经的老师邦葛罗斯。原来,因为战争的关系,男爵已经家破人亡,邦葛罗斯也只能流落街头。战火的蔓延令他找不到工作,只能充当苦役维持生存,又因为染上花柳病,被折磨得体无完肤,沦落到街头行乞的地步。然而,当老实人问他的时候,邦葛罗斯却仍然坚持,这个世界是十全十美的,这些痛苦不过是无可避免和不可缺少的因素而已。

　　师徒两人一起继续流浪。当他们来到葡萄牙的里斯本时,这里正好发生大地震。里斯本人决定在祭祀中烧死几个人来阻止地震的继续蔓延,于是他们抓住老实人和他的老师。选择他们的原因则是因为一个说了话,一个在聆听时表示赞同。

　　在祭祀中,老实人因为地震的再次发生被赦免。他被一位老妇人所救,带回家

中。在这里,他恰好遇见内贡小姐。内贡小姐告诉他,男爵夫妇已经惨遭杀害,自己也遭到强奸和贩卖,如今沦为下等妇人。内贡小姐感叹地说,邦葛罗斯告诉过她世界十全十美的话全是骗人的。

老实人和内贡小姐一起来到阿根廷的布宜诺斯艾利斯,谁知内贡小姐却被总督看上了,强迫和她成婚。老实人不得不离开自己的心上人,转而来到加第士。在这里,他和自己的仆人加刚菩无意中找到了黄金国。在黄金国中,一切饮食都是免费的,人们生活富裕充足,将黄金当作不值钱的石头。此地有各种先进的建筑,却没有监狱和法庭,因为根本无人打官司。

在法国人民心目中,巴士底狱就是封建专制统治的象征。法国启蒙思想家伏尔泰就曾两次被关押在这里。在启蒙思想的影响下,1789 年 7 月 14 日,巴黎人民攻占了巴士底狱,揭开了法国大革命的序幕。

老实人觉得自己真的到了十全十美的世界,但他还是决定离开,并带走了大量的黄金。他来到荷兰,遇见悲观主义哲学家马丁,马丁觉得这个世界充满悲剧,但老实人坚持说世界上还是有好东西的。他开始和马丁一起流浪,却意外得知内贡小姐的消息,就在他动身前去探望内贡的时候,在船上巧遇邦葛罗斯。原来邦葛罗斯命大幸存下来,成为一名苦工。老实人问邦葛罗斯,在经历了一系列的苦难之后,他是否还坚持世界是尽善尽美的呢?而邦葛罗斯告诉他,自己的信念始终不变。

老实人找到内贡小姐,这时的她已经变得丑陋而老迈,但内贡坚持她和老实人是有婚约的,于是老实人遵守誓约娶了她。从此便和妻子、邦葛罗斯、马丁、加刚菩生活在一起。

生活在一起的他们经常会讨论各种道德问题,过得百无聊赖。最后,老实人从一个土耳其庄稼汉那里获得启发:"工作可以免除三大不幸——烦恼、纵欲和饥寒。"于是,他们从此开始工作。每当邦葛罗斯再提起"十全十美"的说法时,老实人就会告诉他"还是种我们的田地要紧"。

《老实人》是十八世纪法国启蒙运动的代表人物伏尔泰最著名的哲学小说,写作这本书的目的,正是为了展现当时欧洲社会中的黑暗和丑恶,嘲笑莱布尼兹等人乐观主义哲学的盲目性和虚幻性,同时也表明自己的哲学观点。

启蒙派提倡自由、平等、博爱和天赋人权,他们继承了英国思想家洛克开辟的唯物主义经验论思想,承认物质世界的客观存在。认为知识来自于感觉经验,但却站在自然神论的立场,认为"神"是宇宙的第一推动者。

他们认为,人在本质上是平等的,每个人都应该享有"自然权利",只要透过"教化"就能够让人类获得改善。整个宇宙是由自然而非超自然的力量支配的,而且是可以得到充分认识的,严格运用"科学方法"就可以解决所有研究领域的基本问题。他们反对封建专制和特权,反对宗教迷信,对抗基督教神学。

小知识:

　　柏拉图(约公元前 427 年～公元前 347 年)

　　古希腊哲学家。柏拉图认为,我们对那些变换的、流动的事物不可能有真正的认识,我们对它们只有意见或看法,唯一能够真正了解的,只有那些能够运用理智来了解的"形式"或者"理念"。代表作《理想国》。

19. 规则生活中的自由思想
——德国学院派伦理学

> 有两种东西,我对它们的思考越是深沉和持久,它们在我心灵中唤起的惊奇和敬畏就会日新月异,不断增长,这就是我头上的星空和心中的道德定律。——康德

1779 年,康德计划到一个叫做瑞芬的小镇去拜访自己的朋友威廉·彼特斯,动身之前,他先给朋友写了一封信,说自己会在 3 月 2 日上午十一点钟到达他家。

3 月 1 日康德来到小镇瑞芬,第二天一早他便租了一辆马车前往彼特斯家。彼特斯住在离小镇有十二英里远的一个农场,在路途上必须经过一条小河。当马车来到河边的时候,车夫告诉康德说:"先生,小河上的桥坏了,我们没办法过去。"

康德走下马车查看情况,发现桥中间断裂了,河水虽然不宽,但是很深。他问马车夫:"这附近还有别的桥吗?"

"有的,先生,"马车夫回答说,"但是很远,在上游大概有六英里远的地方。"

康德看了一眼怀表,现在已经十点钟。便焦急地问:"如果我们走上游那座桥,大概什么时候可以到达农场呢?"

"最快也要十二点到。"

"如果我们走面前的这条桥,最快什么时候能到呢?"

"只要四十分钟就可以了。"

康德沉思了一下,随即走到河边的一座农舍中,向农舍的主人问:"请问您的这间屋子要多少钱才肯出售呢?"

农夫看着自己简陋破旧的房子,吃惊地问:"您想要我的破屋子? 这是为什么?"

"您不需要问为什么,只需要告诉我,您是否愿意。"

"这样的话,"农夫考虑了一下,然后说:"两百法郎。"

康德付了钱,然后说:"如果你能够在二十分钟的时间内从这屋子上拆下几根长木条,并且把这座桥修好的话,我就将这间屋子还给你。"

伊曼努尔·康德的墓志铭

农夫立刻叫来自己的两个儿子,在二十分钟的时间内将桥修好了。

马车过了桥,飞速向农场奔去。十点五十分的时候,在门口等待康德的彼特斯见到自己的朋友,他高兴地说:"亲爱的,您真准时!"

对康德来说,守时显然是非常必要的准则,这是他给自己制订的规则。当然,这位哲学家除了有着规则的生活之外,更拥有自由开放的思想。

作为德国学院派伦理学的代表人物之一,康德是典型的理性主义哲学家,他的伦理学也是理性主义的。

康德的伦理学说首先是"善良意志"的学说。他认为,伦理学应该寻求一种绝对的、无条件的善,而善良意志因其自身而善,是一切内在善和外在善的前提和条件。这种善良意志,指的是那种出自对道德法则尊重或敬重的意志。

其次则是"绝对命令"。人的行为是由意志所决定的,但还决定于这个意志所遵循的行为法则。行为法则是用来指导人们行为的,所以这种法则在形式上就应当表现为一种命令,这种命令规范人们的行为,告诉人们应当做什么或不应当做什么。

小知识:

伊曼努尔·康德(1724～1804)

启蒙运动时期最重要的思想家之一,德国古典哲学创始人。他否定意志受外因支配的说法,认为意志为自己立法,人类辨别是非的能力是与生俱来的,而不是从后天获得的。真正的道德行为是纯粹基于义务而做的行为,而为实现个人功利目的而做事情就不能被认为是道德的行为。因此一个行为是否符合道德规范并不取决于行为的后果,而是取决于采取该行为的动机。其代表著作为《纯粹理性批判》、《实践理性批判》和《判断力批判》。

20. 边沁的监狱
——英国功利主义伦理学

> 人生如果没有了痛苦,就只剩下卑微的幸福了。——尼采

杰里米·边沁是十八世纪到十九世纪英国著名的功利主义哲学家、法理学家。他是英国功利主义哲学的创立者,并以动物权利的宣扬者和自然权利的反对者闻名于世。

边沁 1748 年 2 月出生于英国伦敦一个保守党律师家庭,在他很小的时候便开始学习英格兰历史和拉丁文,并被称为神童。七岁那年,边沁读到费奈隆的小说《忒勒马科斯历险记》,这本小说对他的影响很大,他在后来的回忆中提到:"我在想象中把自己比作书中的主角。在我看来,他是品德完美的典型人物。""这本小说可以说是我整个性格的基石,也是我一生事业的出发点。我认为功利原理在我心里的第一次萌芽,可以溯源于这部书。"

因为家庭的律师背景,长大后的他自然选择法律科系进行学习。然而,经过长期的学习和了解之后,边沁很快对英国法律厌倦了,他认为英国法律主观武断,缺乏理性基础,同时又被特权所支配,而法律的指导原则应该从科学着手。在得到父亲的允许和支持后,边沁开始转向对法律的研究。在这段时间里,他读到休谟的著作集,并从休谟的理论中找到自己所追求的标准,那就是功利主义原理。

1785 年,边沁提出自己的"圆形监狱"理论。在他的设计中,这个圆形监狱由一个中央塔楼和周围环形的囚室组成,每一个囚室都有一前一后两扇窗户,后面的窗户背对着中央塔楼,作为通光之用;前面的窗户正对着中央塔楼,使得处在中央塔楼的监视者可以轻松观察到囚室中罪犯的一举一动,但囚徒们却无法看到塔楼里的情况。边沁认为,在这样的条件下,监视者不需要一天二十四小时监视罪犯的行为,但罪犯们却会在心理上感觉自己一直处在被监视的状态之中,因此只需要一个监视者便可以了。

此外,边沁还认为,监狱应该修建在大城市的附近,以便让它成为一个显眼的存在,提醒人们不要去犯错,"它的独特形状,周围的大墙和壕沟,门口的警卫,都会唤起人们有关监禁和刑罚的观念"。

49

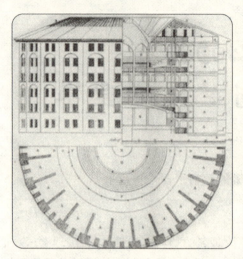

"圆形监狱"示意图

边沁对自己的"圆形监狱"理论非常得意,甚至觉得可以与哥伦布发现新大陆相媲美,因此称自己的"圆形监狱"是"哥伦布之蛋"。认为它是"一种新的监视形式,其力量之大前所未见"。虽然"圆形监狱"的设想从来没有转化为现实,但这一设想被称为十九世纪训诫制度的一个典型例证,也非常好地表现了边沁的功利主义观念。

边沁的理想是建立一种全面、完善的法律体系,让这个法律能够反映社会生活的各个方面。他认为只有彻底的法律改革,才能建设真正理性的法律秩序,而这一法律所依赖的基础便是"功利主义"这一道德原则。这就是边沁的功利主义学说,也是英国功利主义伦理学的起点。

边沁认为,大自然将人类置于苦乐两大主宰之下,而人的天性是避苦求乐的,功利原则就是一切行为都适从这两种动力的原则。"善"就是最大限度地增加幸福的总量,并且引起最少的痛楚;"恶"则恰恰相反。

功利主义认为,追求功利正是人类一切行为的动机,也是人和政府活动所必须遵循的原则;是道德和立法的原则,也是区别是非善恶的标准。因此,快乐就是好的,痛苦就是坏的。所以任何行动,包括政府的政治方针,都必须遵循为最多数人的最大幸福努力的原则,并将痛苦减少到最低,甚至在必要情况下可以牺牲少部分人的利益,这就是"最大幸福原则"。

功利主义根据应用的方式可分为以下几种:情境功利主义(act-utilitarianism)、普遍功利主义(general-utilitarianism)、规则功利主义(rule-utilitarianism)。

小知识:

马丁·路德(1483～1546)

十六世纪欧洲宗教改革倡导者,新教路德宗创始人。该教主张"唯独因信称义",即认为人是凭信心蒙恩得以称义,人们可以无惧地站在上帝面前,不必恐惧罪恶、死亡和魔鬼,也不必因相信自己是有功才得救而骄傲。

21. 物竞天择，适者生存
——英国进化论伦理学

> 我认为《物种起源》这本书的格调是再好也没有了，它可以感动那些对这个问题一无所知的人们。至于达尔文的理论，我准备即使赴汤蹈火也要支持。——赫胥黎

时至今日，已经没有人不知道"物竞天择，适者生存"这句话。所谓"物竞天择，适者生存"，其实就是今天人人都知道的进化论。简单而言，进化论认为一个物种是由其他物种演变而来的，这个世界并非一开始就是我们今天看到的模样。这个观点在今天已经是毋庸置疑的，但如果将时间上溯两百年，这句话却是惊世骇俗的可怕言论，是挑战上帝的疯狂学说。

提到进化论就不能不提到它的提出者——查尔斯·达尔文。这位生物学家1809 年出生在一个世代行医的家族中，并被父母顺理成章地送到爱丁堡大学学习医学，并指望他继承衣钵。然而，让达尔文感兴趣的却从来不是治病救人，而是大自然，他从小就喜欢打猎，热衷于采集植物和矿物标本。这种看起来游手好闲的爱好使得他的父亲非常生气，干脆将他送到剑桥大学学习神学，希望他能够做一名牧师。

当然，如果达尔文向父亲妥协的话，那么我们也许要迟很多年才能知道自己从哪里来的。所有的成功者都有着同样的倔强，达尔文也一样，从没有放弃过自己的梦想。在从剑桥大学毕业的这一年，他得知一个消息，英国政府组织"贝格尔"军舰进行环球考察。这对达尔文来说是一个好机会，他以"博物学家"的身份自费登上军舰，参加这次环球旅行。

这次旅行整整耗费了五年的时间，直到 1836 年他们才回到英国。五年来，军舰穿越大西洋、太平洋和印度洋，让达尔文看到并收集了世界各地的动植物和矿物标本。回到英国后，达尔文花费六年的时间整理出一个简要的大纲，并在经过二十多年的研究后，完成自己的科学巨著——《物种起源》。

查尔斯·罗伯特·达尔文,英国生物学家,进化论的奠基人。

在这部书中,达尔文论证两个问题:一是物种是可变的,生物是进化的;二是自然选择是生物进化的动力。其实,在达尔文之前的科学家就已经发现了物种是变化的,并可以透过"人工选择"产生新的形态,而且十六世纪的科学家还发现人和鸟的骨骼结构非常相似。这些都是达尔文研究物种起源的基础,可是之前的观点都比较零散,没有像达尔文这样系统详实的论述,而且大多数的科学家迫于社会的压力,往往放弃了自己的观点,因此都没有造成太大的影响力,直到《物种起源》的出版。

这部书刚上市,一天之内便销售一空,在社会上引起巨大轰动。对相信进化论的人们来说,它论证了进化论的正确性;但对顽固的教徒而言,它显然和"神创论"大相径庭,是对上帝和教会的亵渎。但真理总不会被湮灭,以赫胥黎为首的一批进步学者开始帮助达尔文,他们积极宣传达尔文主义,并不断用新的科研成果佐证达尔文进化论的正确。所以到了今天,我们每个人才能说出"物竞天择,适者生存"这样的话来。

达尔文的书房

进化论伦理学是在达尔文的进化论思想基础上产生的伦理思想,主要表现在他的《人类的由来》一书中。

达尔文认为,高等动物和低等动物有某些共通性,比如自保、母爱、性爱等,而且几乎绝大部分动物都有一种趋乐避苦的行为倾向。但高等动物比如人类还具有良心、道德感、同情心等,这些独有的特征是从低等动物逐渐进化来的。

达尔文是第一个从生物学的角度探讨"义务"的学者,他认为道德现象的根源在于生物的进化之中,道德感最初是由人类和动物都具有的母爱、性爱以及合群等本能发展而来的。对几乎所有动物来说,合群才能带来快乐,不合群则会感到痛苦,因此如果受到同伴的斥责,便会产生自尊心、自责等等道德情感,因此才渐渐发展出其他的道德。

道德感或良心是至关重要的,是人的一切属性中最崇高的属性,它促使人类为了同类的生命,毫不犹豫地牺牲自己;或者在经过深思熟虑之后,在义务感的驱使下为大义而牺牲。

小知识:

鲁道夫·卡尔纳普(1891~1970)

美国哲学家,逻辑实证主义的主要代表。他受罗素和弗雷格的影响,研究逻辑学、数学、语言的概念结构,是经验主义和逻辑实证主义代表人物。主要著作有《世界的逻辑构造》、《语言的逻辑句法》、《语义学导论》、《逻辑的形式化》等。

22.西南学派
——德国新康德主义伦理学

> 生活中只有一种英雄主义，那就是认清生活真相之后依然热爱生活。——罗曼·罗兰

康德的形式主义道德哲学对近现代西方哲学产生了巨大影响，也引起之后哲学家的激烈争论。比如黑格尔就认为康德道德哲学太过形式主义，缺少具体的实在内容，他说"这就是康德、费希特道德原则的缺点，它完全是形式的。冰冷冷的义务是上天给予理性的肠胃中最后的没有消化的硬块"。之后，叔本华和尼采也更加尖锐地批判康德哲学完全建立在抽象的概念上，缺乏实在性。这样的批判持续到了十九世纪末，此时一个新的流派崛起，他们提出"回到康德那里去"的口号，试图批判地继承康德的道德哲学观念，进而对人们的道德判断做出指导。这群哲学家被称为"新康德主义学派"，其主要流派有马堡学派和西南学派（海德堡学派）等。

其中，文德尔班就是西南学派的创始人。文德尔班 1848 年生于波茨坦，早年在耶拿、柏林和哥廷根等大学求学，跟随 K·费舍和 R·H·洛采等人学习哲学，后又陆续担任苏黎世、弗赖堡、施特拉斯堡和海德堡大学的教授。他创作了《序论》《哲学导论》等作品，而他最重要的作品则是《哲学史教程》，在书中他用新康德主义的观点系统阐述了以往的哲学体系及其发展史，特别是哲学问题和哲学概念的形成和发展史。而文德尔班对康德的学说最感兴趣的，就在价值方面，他认为，哲学问题就是价值问题。

在新康德主义者看来，康德从思维、意志和感觉三方面来表达对人类自身的认识和规定，恰恰构成哲学的主要内容——真、善、美，这是人类价值倾向的表现。哲学有必要也有权利去研究和认识与人类生活相关的一切范畴和领域，其中就包括对价值论的认识。

此外，重视价值并不只是承认物质价值，而是要把价值评价视为是对人类心智

最深层面的认识,要赋予精神价值特殊的意义和全人类的性质,这其中就包括道德原则、审美原则和形式逻辑。哲学描述和认识这些价值的目的在于说明它们的效用性,强调价值观所具有的"立法性"。也就是说,价值的效用就集中在道德哲学的层面上,它最终的指向是人性,是人类最终的道德建构。

新康德主义同样发源于德国,它是一场针对古典唯心主义浪潮消退后在科学领域泛滥的唯物主义思潮的反对运动。新康德主义者要求重返康德,创造出一种能够适应现代科学要求的哲学,他们批判地继承和发展康德的哲学思想,突出道德的绝对价值。他们力图消除道德相对主义和价值相对主义,希望建立起人文科学的效用理论及政治科学的哲学理论建构。

新康德主义者认为,"哲学从来就不是从价值观念中衍生出来的;它只是在意识上经常受到它们的强烈影响",因此哲学有必要去认识和人类生活相关的一切领域,透过那些现象来认识世界,进入到最深的层面上。

小知识:

约翰·杜威(1859~1952)

美国哲学家,实用主义教育思想的代表人物。他从实用主义经验论和机能心理学出发,批判传统的学校教育,并提出自己的基本观点——"教育即生活"和"学校即社会"。

23.绝对与自我

——新黑格尔主义伦理学

人不能两次踏入同一条河流,太阳每天都是新的。——赫拉克利特

1831 年,黑格尔逝世后,因为他的哲学体系中的矛盾,学派内部的争论和外来的批评使得黑格尔主义迅速衰弱下去。再加上 1848 年资产阶级革命爆发,人们对德国古典哲学失去往日的兴趣,黑格尔哲学也被彻底抛诸脑后。

直到十九世纪末,西方各国的资本主义发展遭遇危机,自由资本主义制度已经无法再适应社会经济的发展,开始向垄断资本主义过渡。经济、政治上的变化反映到哲学上,个人自由、民主权利理想化和神圣化的理性主义传统也遭受挑战,人们不再满意于强调原子式的个体的传统经验主义,而期望有强调整体、绝对的哲学观。正是趁着这股风潮,打着"复兴黑格尔"旗号的新黑格尔主义诞生了,并很快成为极具影响力的流派。

1865 年,苏格兰哲学家 J·H·斯特林出版了他的著作《黑格尔的秘密》,这位黑格尔的崇拜者说:"黑格尔对思维做了一种如此深刻的细致研究,以致对大多数人来说很难理解。"他试图洗清英国公众心目中普遍存在的对德国哲学的反感,把德国唯心主义尤其是黑格尔的绝对唯心主义介绍到英国。

不过,新黑格尔主义的主要奠基人则是格林。在当时,最著名的哲学思潮还是经验主义的哲学,而穆勒则是最负盛名的哲学家,但身为牛津大学教授的托马斯·希尔·格林却向穆勒的经验主义发起挑战。格林认为,以休谟为代表的经验主义者认为哲学家的职责是把人的知识还原为一些原始的因素,然后再由这些材料构造出经验世界,这种观念忽视了人的理智,无法解释人类知识的可能性。

他要求以德国哲学中存在的强调联系和整体性的观点来取代经验主义关于事物处于分散、孤立状态的观点,使哲学转向德国的较有生气的路线。因为历史和政治发展的需要,格林的观点很快击败了穆勒的经验主义,黑格尔和唯心主义开始在英国风靡起来。

在英国,最著名和影响最大的黑格尔主义者应该算是布拉德雷,他被称为"当今的芝诺"、"哲学家中的哲学家"、"康德以来最伟大的学者"。布拉德雷和其他的新黑格尔主义者几乎把持当时各个主要大学的哲学讲坛,正是因为他们的努力,新黑格尔主义再次复兴,并演变成经久不衰的热潮。

黑格尔的哲学思想主宰了近代欧洲人的意识。

新黑格尔主义指的是十九世纪下半叶以来复活的各种黑格尔哲学思潮的总称,两次世界大战之间在德意等国发生过巨大影响。

新黑格尔主义在不同国家、不同时期的表现形式往往有很大差别,英、美的新黑格尔主义者将从黑格尔那里继承并加以重新解释的绝对概念当作基本概念,因此他们的理论又叫绝对唯心主义;而德、意等国的新黑格尔主义者并不专门研究黑格尔哲学,往往以别的唯心主义哲学作为出发点,但在基本思想上仍与黑格尔的唯心主义哲学密切相关。

新黑格尔主义学说的共同特点是:基本上都继承了黑格尔把精神性的"绝对"当做唯一真实存在的客观唯心主义观点,但同时又把"绝对"与具有创造作用的"自我"融合起来,表现出向主观唯心主义转变的倾向。大多重视辩证法的研究,但主要是突出黑格尔辨证法中的唯心主义特质。多半发挥了黑格尔关于国家和社会理论的消极方面,对社会历史做了主观主义和非理性主义的解释,从根本上否定社会历史的规律性。

24.疯狂的太阳
——非理性主义伦理学

人都会犯错,在许多情况下,大多数仍是由于欲望或兴趣的引诱而犯错的。——洛克

　　1844年10月15日,一个男孩出生在普鲁士萨克森州勒肯镇附近洛肯村。男孩的父亲是被国王派来的乡村牧师,他曾经是普鲁士国王威廉四世的宫廷教师,教过四位公主,深得国王的信任,加上这个孩子出生的日期正好是威廉四世的生日,于是国王便将自己的名字赐给这个孩子。他便是弗里德里希·威廉·尼采,世界上最著名的哲学家之一。

　　能够与国王同一天生日对尼采的父母来说是个非常好的预兆,但对于这件事,尼采是这么说的:"无论如何,我选在这一天出生,有一个很大的好处,在整个童年时期,我的生日就是举国欢庆的日子。"

　　快乐的日子总是很短。五年之后,尼采的父亲就因为脑软化症过世了,不久,他两岁的弟弟又夭折。亲人的接连过世令这个年幼而又敏感的孩子感觉到生命的无常,后来他回忆说:"在我早年的生涯里,我已经见过许多悲痛和苦难,所以全然不像孩子那样天真烂漫、无忧无虑……从童年起,我就寻求孤独,喜欢躲在无人打扰的地方。这往往是在大自然的自由殿堂里,我在那里找到了真实的快乐。"

　　父亲和弟弟的去世使得尼采成为家中唯一的男丁。被祖母、母亲、姑姑和妹妹围绕着,在全是女性的家庭中长大,尼采被宠惯得脆弱而敏感。他不爱与外人交往,只喜欢独处,是个孤僻的孩子。一个人独处让他很早就开始思考,他比同年龄的孩子都要早熟得多。此外,尼采全家都是清教徒,在这样的家庭中长大,尼采始终保持着清教徒的本色,并希望能够继承父亲的事业。

　　长大后的尼采进入学校学习音乐和文学,这是他第一次接触到基督教之外

的知识,1864 年之后,尼采又进入波恩大学学习,这时的他已经放弃对宗教的研究,转到对哲学的钻研之中。他不再满足于清晰与冷静,而需要热情、神秘的东西。不久,他读到叔本华的《作为意志和表象的世界》,并疯狂迷上叔本华的哲学。

1872 年,尼采发表自己的第一部专著《悲剧的诞生》,这部充满了浪漫色彩和绝妙想象力的著作充满反潮流的内容。书中尼采放弃精确的文字学研究方式,而采用哲学的演绎方式进行论述。这本书的出版引起很大的回响,但同时也遭到语言学家们的强烈反对。

1882 年,尼采结识自己生命中唯一的情人——俄国少女莎乐美。然而,莎乐美并没有答应他的求爱,只与他保持着朋友的关系。可是尼采的妹妹伊丽莎白却对他们之间的友情充满嫉妒,在两人之间拨弄是非,最终使得尼采和莎乐美反目成仇。这次打击让尼采幼年时便患上的沉疴旧病复发,使他几乎丧命。从此之后,尼采再也没有爱过任何一个女人,而且在以后的岁月里,他始终对女性充满着鄙夷和不满,与此相对的,则是更加强烈地对自己进行赞美和夸耀。

在与莎乐美的感情破裂之后,尼采来到意大利,写下他的《查拉图斯特拉如是说》。在书中,他提出著名的“超人”理想,并写下“我是太阳”这样的字句。而这部作品对尼采的意义最为特别,他曾经说过:“在我的著作中,《查拉图斯特拉如是说》占有特殊的地位。它是我给予人类的前所未有的最伟大的馈赠。”之后,他又陆续写出不少的伦理学著作,作品颇有深度,但同时也充满强烈的攻击性和狂热的自我吹嘘。

1889 年,因为长期的病痛以及无法被世人理解的孤独,尼采在大街上抱住一匹正在被马夫虐待的马的脖子,痛哭道:“我受苦受难的兄弟啊!”就彻底发疯了。十年之后,这个孤独而狂妄的思想者在魏玛孤单地去世。生前的他曾经说过,只有到 2004 年,世人才能理解其学说的魅力,到了今天,是否真的有人能够理解这位孤独的哲学家呢?

尼采是非理性主义伦理学的代表人物之一。所谓非理性主义,简单说来就是否定或限制理性在认识中的作用,将理性与直观、直觉、本能等对立起来。非理性主义伦理学家们认为人类在本质上是非理性的,他们否认理性主义者所设想的“宇宙理性”和“宇宙正义”的存在,也否认运用理性可以证明的伦理原则。

非理性主义伦理学经历意志主义、生命哲学、存在主义、弗洛伊德主义到法兰克福学派等的演变,其中意志主义主要包括叔本华的生命意志论和尼采的权利意志论。叔本华认为,"世界的一面始终是表象,正如另一面始终是意志",他宣扬无意识的意志,认为理性和科学完全不适用于道德范畴;尼采的哲学思想继承了叔本华,他也认为世界的本体是生命意志,而他强调的是一种非道德主义,反对传统的基督教道德和现代理性。存在主义则认为存在不是客体而是主体。

小知识：

弗里德里希·威廉·尼采(1844～1900)

　　德国哲学家,西方现代哲学的开创者。尼采提出强力意志说,他用强力意志取代上帝的地位,他所谓的强力意志不是世俗的权势,而是一种本能的、自发的、非理性的力量,它决定生命的本质,决定着人生的意义。其主要著作有《悲剧的诞生》、《希腊悲剧时代的哲学》、《查拉图斯特拉如是说》、《偶像的黄昏》、《上帝之死》等。

25. 人之初，性本善
——孔子的仁爱观

> 所谓道德是指你事后觉得好的东西，所谓不道德是指你事后觉得不好的东西。——海明威

《淮南子·齐俗训》中记载了这样一个故事：子路拯溺而受牛谢，孔子曰："鲁国必好救人于患也。"子贡赎人而不受金于府（鲁国之法，赎人于他国者，受金于府也）。孔子曰："鲁国不复赎人矣。"子路受而劝德，子贡让而止善。说的是子路救了一个溺水的人，对方为了感谢他送给他一头牛，子路接受了。孔子知道后便说："以后鲁国的人看到别人出事都会去主动救人。"鲁国颁布了一部法律，在其他国家沦为奴隶的鲁国人，如果有本国人为他们赎身的话，可以去官府领取一定的补偿金额。子贡在其他国家为鲁国人赎身，但却没去官府领取赏金，孔子知道后说："这样的话，鲁国人都不会再去赎人了。"

《说苑·辨物篇》也记载了有关孔子的言论。子贡问孔子："死人有知无知也？"孔子曰："吾欲言死者有知也，恐孝子顺孙妨生以送死也；欲言无知，恐不孝子孙弃不葬也。赐欲知死人有知将无知也？死徐自知之，犹未晚也！"这段话的意思是，子贡问孔子说："人死了之后到底是有意识还是没有意识的啊？"孔子回答说："如果我说人死了还有意识的话，我怕那些孝顺的子孙们会故意放弃生命以完成孝道；但如果我说人死了之后没有意识的话，我又怕那些不孝子孙将死去的长辈弃于荒野不予安葬。你如果想知道人死了之后有意识还是没意识的话，死了之后就会知道，那时也不算晚。"

上面的两段话很好地展现了孔子的某些伦理思想。尽管大家都认为孔子对于人性的观点是乐观的，是人性本善观念的支持者，但实际上孔子从来没有正式谈起过他对于人性的观点。

在孔子留下的言论中，他对于人性的态度都是如上面那两段对话中一样的，只是鼓励人们去实践一切善的行为，并赞同因为善行而获得的金钱报酬。因为他认

《孔子圣迹图》局部

为,这样可以让更多的人投入到行善中去。

孔子的伦理思想可以用两个字归纳,那就是"仁"和"礼"。而从仁和礼出发,则可推究出孝、义、道德、信等多种伦理观。

在《论语》中孔子多次提到了仁,比如"克己复礼为仁"、"爱人"、"居处恭,执事敬,与人忠"等,总结起来,仁其实就是人所应该具有的友爱的本性,也就是善。而仁的具体表现就是"忠"和"恕",也就是说,要严以律己,并宽容爱人,这才能够达到仁的境界。

仁是每个人应该具有的内在道德,而礼则是外在的约束和自制。孔子所谓的礼可以算是一种政治范畴,包括了社会规范、典章制度等各个方面。孔子要求"齐之以礼",也就是说要用各种已有的规范来约束我们的行为,使我们自觉遵守道德规范,最终达到仁的目的。

26. 恻隐之心，人皆有之
——孟子的性善论

> 表面的美只能取悦一时,内心的美才能历久不衰。——歌德

孟子曰:"所以谓人皆有不忍人之心者,今人乍见孺子将入于井,皆有怵惕恻隐之心。非所以内交于孺子之父母也,非所以要誉于乡党朋友也,非恶其声而然也。由是观之,无恻隐之心,非人也;无羞恶之心,非人也;无辞让之心,非人也;无是非之心,非人也。恻隐之心,仁之端也;羞恶之心,义之端也;辞让之心,礼之端也;是非之心,智之端也。人之有是四端也,犹其有四体也。"

译成白话文就是孟子说:"人都是有不忍之心的,现在的人如果看见小孩子掉入井中,一定会觉得担心惋惜。这并不是因为这些人与这个小孩子的父母是朋友,也不是因为他们要在乡邻亲友中获得好名声,更不是因为怕会有坏名声才这样。如此看来,如果没有恻隐之心的,都不能称得上是人;没有羞恶之心的,不能算是人;没有谦让之心的,没有是非之心的,也不能算是人。恻隐之心是仁爱之心的起始;羞恶之心是义的起始;谦让之心是礼仪的起始;是非之心是智慧的起始。人天生就具有这四种品德,就如同人有四肢一样。"

"四端"学说是孟子最重要的伦理学说,也是他整个性善论的基础。基本上来说,孟子是性善论的支持者,认为人类天生的本性中就具有仁、义、礼、智这四种品行。而在现实生活中,孟子更是一个勇于面斥君主之非,强调自己的德行观念的人。

在《孟子》中有很多这样的记载:

梁惠王曰:"寡人愿安承教。"孟子对曰:"杀人以梃与刃,有以异乎?"曰:"无以异也。""以刃与政,有以异乎?"曰:"无以异也。"曰:"庖有肥肉,厩有肥马,民有饥色,野有饿莩,此率兽而食人也。兽相食,且人恶之,为民父母,行政,不免于率兽而食人,恶在其为民父母也? 仲尼曰:'始作俑者,其无后乎!'为其象人而用之也。如之何其使斯民饥而死也?"

意思是，孟子去见梁惠王，梁惠王向他请教。孟子说："用棍子杀人和用刀杀人，有什么区别吗？"梁惠王说："没有不同。"孟子又问："那么用政治杀人，有什么不同吗？"梁惠王回答说："没有不同。"孟子说："厨房里有丰美的肉食，马厩里满是好马，但民众却没有饭吃，饿死在野地里，这就等于带着野兽来吃人。野兽互相吞食都会引起人类的厌恶，但君主身为百姓的父母，处理政事，却不能免除野兽食人的问题，这样能算是百姓的父母吗？孔子说：'第一个拿人形俑来陪葬的人，一定会绝后的！'因为他竟然用像人的东西来做陪葬，那让自己的百姓因为饥饿而死的人又该遭到什么样的报应呢？"

"始作俑者，其无后乎！"虽然孟子说这是孔子的话，但在有关孔子的记载中却没有相关的说法。这一句话其实强烈地表达孟子的某些伦理观念，那就是对人生命的尊重，连做成人形的陶俑陪葬都能让他愤怒，更何况其他不尊重人的行为。恻隐之心，人皆有之，而孟子的恻隐之心，更是表现在他每一句经典言论当中。

《孟母断机教子图》

孟子是第一个正式提出"性善"论的儒学大家，他继承孔子"仁"的思想，并使之更加系统化，发展重义轻利、仁者爱人、以德治国以及重视个人修养等思想。

孟子认为人性有四心，即"恻隐之心"、"善恶之心"、"谦让之心"、"是非之心"，这四心和仁、义、礼、智相结合，便构成道德之"四端"，这是人天生就具有的四种道德品行。道德和良知是人性的根源，但它也有可能被后天的欲望所诱惑，所以人必须"清心寡欲"、"养吾浩然之气"，修身养性，最终达到

孟庙，又称"亚圣庙"，是历代祭祀孟子的地方。

至善的境界。

此外，孟子还提出人与人之间的君、臣、父、子、友"五伦"关系，同时确立了处理"五伦"关系的准则，即父子有亲、君臣有义、夫妇有别、长幼有序、朋友有信。

27. 今人之性，生而有好利
——荀子的性恶论

> 我不愿有一个装满东西的头脑，而宁愿有一个思想开阔的头脑。——蒙田

荀子是战国后期赵国人，先秦儒家的最后一位大师。当时齐国的稷下学宫最为兴盛，聚集了大量的人才，也吸引不少人前往齐国，他们希望能一举成名，实现自己的理想抱负。荀子十五岁来到齐国游学，并拜宋钘为师。公元前285年左右，齐愍王大举兴师，灭了宋国，他的做法引起国人的反对，稷下学宫的学者们也纷纷向他进谏，但齐愍王不听善言，使得稷下学者们纷纷离开齐国，荀子也离开去了楚国。

公元前279年，齐襄王掌权，重整稷下学宫，将之前离开的人才重新招揽，荀子重回齐国。此时因为之前的许多学者或老或亡，荀子成为了最重要的学者，并三次担任了祭酒之职。

齐襄王死后，齐王建即位，他听信谗言，赶走了荀子。荀子被迫离开齐国，再次来到楚国投奔春申君。但在楚国他也遭到奸人陷害，被迫回到赵国。后来春申君再次邀请荀子入楚，并命他担任兰陵令。直到公元前238年春申君遇刺身亡后，荀子罢官，并终身居于兰陵撰写自己的著作。

在《荀子》中，最重要的也最基本的便是《性恶》这一篇，本篇中阐述了荀子最基本的儒家观念，那就是性恶论。

荀子认为，人的本性天生就是恶的，善不过是伪装出来的。如今人的天性便是逐利而走，正因为这种天性，所以争抢掠夺才会产生而推辞谦让则消失了；人天生就有妒忌的心理，正因为这种天性，所以残杀就产生而忠诚守信则消失；人天生就有耳目的贪欲，喜欢音乐、美色的本能，正因为这种天性，所以淫乱就产生而礼义法度就消失。如果放纵人的本性，依顺人的情欲，就一定会出现争抢犯乱，而最终趋向于暴乱。所以一定要有法度的教化、礼义的引导，然后人们才会从推辞谦让出发，遵守礼法，而最终趋向于安定。由此看来，人的本性邪恶是很明显的事，善良则是人为做出来的。

《劝学》是《荀子》一书的首篇,较系统地论述了学习的目的、意义、态度和方法。

所以弯曲的木料一定要经过熏蒸、矫正然后才能挺直;不锋利的金属器具一定要依靠磨砺然后才能锋利。人的本性邪恶,一定要学习礼教才能端正,要得到礼义的引导才能治理好。人们不学习礼制,就会偏邪险恶而不端正;没有礼仪,就会叛逆作乱而不守秩序。古代圣明的君王认为人的本性是邪恶的,人们性格邪恶而不端正、叛逆作乱而不守秩序,因此给他们建立了礼仪、制订了法度,用来改变人们的性情而端正他们,用来感化人们的性情而引导他们,使他们都能遵守礼制,合乎道德。人如果能被礼教所感化,学习知识、遵行礼仪,就是君子;纵情任性、习惯于恣肆放荡而违反礼仪,就是小人。

如果说孟子继承了孔子的"仁",那么荀子则继承了孔子的"礼"。荀子提出性恶论的观点,认为人天生的本性是趋向于享乐、放纵欲望的,也正因为如此,所以才需要用后天的"礼"去约束它。

在荀子看来,人类的本性就是追求名利和享乐的。人类具有妒忌、残杀、贪婪、淫欲等种种恶性,善良的天性则是装出来的,如果人类放纵自己的性情,那么必然会产生数不尽的争夺和仇杀。但是这种天性是可以在后天进行改造的,这就是"礼"的作用。经过道德的教化,可以让人回归到道德的体系中来,按照道德的约束行动。

此外,荀子还主张要适当满足人类的物质利益,"义与利者,人之所两有也",这是人的正当需要,只要加强道德教育,不让好利之心超过好义之心的话,就是值得鼓励的。

小知识:

阿尔贝·加缪(1913~1960)

法国小说家、哲学家。他的哲学思想多数表现在他的小说中。其思想核心就是人道主义,人的尊严问题一直是围绕他的创作、生活和政治抗争的根本问题。此外他的小说中还存在大量的二元对立的主题。

28. 道法自然
——道家伦理观

> 一个人如果再也无法光荣地活下去,就该光荣地死去。——尼采

《庄子·应帝王》中有这么一个故事:南海之帝为倏,北海之帝为忽,中央之帝为浑沌。倏与忽时相遇于浑沌之地,浑沌待之甚善。倏与忽谋报浑沌之德,曰:"人皆有七窍以视听食息,此独无有,尝试凿之。"日凿一窍,七日而浑沌死。

故事说的是南海之帝叫倏,北海之帝叫忽,而中央之帝叫浑沌。倏和忽在浑沌这里相遇,浑沌待他们非常友善,于是倏和忽想报答浑沌,他们商量说:"人都有七窍用以听、看、吃和呼吸,唯独浑沌没有,不如我们为他凿出七窍来。"他们每天为浑沌凿出一窍,到了第七天的时候,浑沌却死了。

故事很短,却表现了道家思想中很重要的一点,那就是——自然。在庄子的观念中,一切存在着的东西就是自然,人千万不要费力去改变它,去试图做些什么,这

元朝画家刘贯道的《梦蝶图》取材于"庄周梦蝶"的典故,书中童子抵树根而眠,庄周坦胸仰卧石榻,鼾声醉人。

就是无为。就像故事中倏和忽试图改变浑沌原本的状态，结果导致浑沌的死亡一样，遵照自然去生活才是最重要也最基本的态度。

相传，庄子之妻去世的时候，惠子去吊唁，却发现庄子坐在一旁敲着盆在唱歌。惠子说："两人相依相伴，生长、衰老最后到死，不哭也就算了，还要唱歌，太过分了吧！"庄子说："我不这么认为。当她刚死的时候，我怎么会不伤心呢？但人起初本来就没有生命；不只没有生命，而且没有形体；不只没有形体，而且没有元气。在恍惚之间产生了元气，元气产生了形体，而形体又产生了生命。现在又重新回到死亡，这与春、夏、秋、冬四时的变化是一样的。死去的人安然地躺在天地之间，但我却伤心嚎哭，这是不通晓天命的做法，所以我止住哭泣了。"

道家认为，"道"是宇宙的本源和根本法则，人应该以"道"为法，而要追求"道"，就是要保持一种无知、无欲、无争的状态，这样才能与道合一，达到至善的境界。世俗的仁、义等道德规范，实际上偏离了真正的道，他们会诱使人们去追名逐利，是欲望的表现，因此应该"绝圣弃智"、"绝仁弃义"、"绝巧去利"，废除掉一切的欲望和知识，回归于婴儿那种无知无识的状态。

"无为而治。"道家认为所有的主动性的改变和行动都是没有必要的，反而会损害道，只有顺其自然，不要试图去改变，这样才能透过不为而最终达到为的目的。

"无用之用。"道家认为，有用反而会导致迫害和死亡，有时候无用反而能保证不受到伤害。比如不能作为房屋材料的大树就不会被砍伐，反而能维持长久的寿命，但其他的树木则会遭到早早被砍伐的命运。

出世思想。道家追求的是一种摆脱了生死，自由翱翔于天地之间，不为世俗种种所拘束的全然的自由。在这里，世俗中的功名利禄都无法吸引他们，只有那种与天地同化、感受自然的生活才是道家所追求的生命的终极目标。

小知识：

约翰·洛克（1632～1704）

英国哲学家，经验主义的开创人。他认为人类所有的思想和观念都来自或反映了人类的感官经验，人的心灵一开始时就像一张白纸，而向它提供精神内容的是观念。他还主张感官的性质可分为"主性质"和"次性质"。著作有《论宽容》、《政府论》、《人类理解论》。

29. 兼爱非攻
——墨家伦理观

> 你若要喜爱你自己的价值,你就得给世界创造价值。——歌德

先秦时期,中国还是一个由许多诸侯国组成的国家,各国之间纷争、战乱不断,经常会发生大国进攻小国的事情。

当时,楚国想要侵吞弱小的邻国宋国,楚国国君让著名的工匠公输班(鲁班)为军队打造了一种名叫云梯的工具,这种云梯非常高大,能够帮助楚国士兵轻松攻打对方的城墙。工具造成之后,楚国国君开始进行战争动员,想要藉助云梯的威力将宋国一举吞并。

墨子很快就听到这个消息,他立刻出发,走了十天十夜赶到楚国国都拜访公输班,希望能够阻止这场即将爆发的战争。见到公输班之后,墨子说:"北方有一个人欺负我,我希望藉助你的力量杀死他。"公输班听到这话,很不高兴。墨子又接着说:"我可以给你十金作为你的报酬。"公输班说:"我有我的准则,不会为了钱去杀人的。"听到这里,墨子立刻站起身,又继续说:"我在北方听说您造了云梯,将要攻打宋国。宋国何罪之有呢?楚国幅员辽阔,但人口并不多,牺牲本国人民的生命,争夺那些并不富饶的土地,这显然不是明智的行为;宋国明明没有犯错却攻打它,这也不合仁义;你知道这样的情况却不劝阻,这不能算作忠诚;如果您去劝阻了却不能达到目的,这也不能算坚强;您说您的准则是不杀人,但却要杀死这么多的人,这也不能算明白事理。"

墨子像

公输班被说得哑口无言，墨子问他："现在不会去攻打宋国了吧？"公输班说："不行啊！我已经答应楚王了。"墨子说："那就带我去见楚王吧！"

见到楚王，墨子说："如今有一个人放着自己漂亮的车子不要，却想偷邻居的破车；自己华贵的衣服不要，却想偷邻居的旧衣服；自己明明有好肉可以吃，却要去偷邻居家的粗粮。这是什么人呢？"楚王说："这人一定有偷窃的毛病。"墨子立刻说："楚国方圆五千里，宋国却只有五百里，这就好比漂亮的车和破车对比。楚国有云梦，各种珍奇美味数不胜数，而宋国却连一般的鱼、兔都没有，这就好比精肉与糟糠。楚国有优良的木材，宋国却没有，这就好比华贵的衣物和破衣服。我认为您想攻打宋国就和我上面说的情况一样。"

楚王听后说："可是公输班已经为我造好云梯，我一定要攻下宋国！"墨子便让楚王将公输班召进来，自己解下腰带当作城池，将竹片当器械，让公输班模仿攻城。公输班一连换了九种方法进攻都未能奏效，他的器械已经用完，但墨子的守城方法还绰绰有余。

公输班黔驴技穷，无奈地说："我知道怎么对付你，但是我不说。"墨子说："我也知道你想怎么对付我，但我也不说。"楚王便问他究竟。墨子说："公输班的意思是可以杀了我。如果杀了我，宋国学不会我的方法，就无法守住城门了。但我的弟子禽滑厘等三百人已经带上我的工具，守在宋国城楼上等着和楚国开战。就算杀了我，也杀不完保卫宋国的人。"

听到这里，楚王说："好吧！我不再攻打宋国了。"

墨子是鲁国人，与楚国和宋国都没有任何关系，之所以千里迢迢去劝阻这场战争，完全是因为他对于他人的慈爱之心，而这也正合了他兼爱非攻的伦理思想。

"兼相爱，交相利"，是墨子伦理思想中最重要的部分，他认为人要像对待自己一样对待别人，像爱护自己一样爱护别人，不论是何阶层，不论贫富，不分国家地域，都要彼此相亲相爱。墨子认为，只有大家彼此爱护，才能真正解决先秦时期纷争不断、战乱频起的局面。

"视人之国，若视其国；视人之家，若视其家；视人之身，若视其身。""诸侯相爱，则不野战；家主相爱，则不相篡；人与人相爱，则不相贼；君臣相爱，则惠忠；父子相爱，则慈孝；兄弟相爱，则和顺。"人类的自私自利是造成争斗的原因，只要大家能够彼此关爱，先爱人、先利人，必然会得到对方的关爱，获得利益，最终达到天下太平、安居乐业的目标。

30.黄老无为而治
——汉唐伦理学说

> **真理不是靠喝彩造出来的,是非不是靠投票决定的。——卡莱尔**

西汉初年,天下初定。因为秦末战乱持续时间太长,社会经济遭到破坏,百姓生活极为困苦。为了恢复生产,保持社会稳定,汉初的统治者便订下了清静无为、休养生息的治国政策,以黄老学说治理天下。

所谓黄老,黄指黄帝,老指老子,他们两人正是传说中黄老学说的创始人。黄老学说以道家学说作为哲学基础,以法学为其基本的政治主张,道法结合,兼众家之长。但与传统的道家学说不同的是,道家讲究修身养性,只注重自身的道德修养,并不关注政治,甚至是采取回避政治的态度;而黄老学说主要是讲政治的,是谈君主的执政之道,相对务实得多。黄老之术强调"道生法",认为君主应"无为而治",主张"是非有,以法断之,虚静谨听,以法为符""省苛事,薄赋敛,毋夺民时",透过这种"不为"最终达到"有为"的目的。

秦朝时实行的是法家治国之法,以法为教,以吏为师,但这样的强权政治在扫平六国之时虽然有用,却在治国之时折戟沉沙,使得强大的秦国统一六国后仅仅存在了 16 年就亡国,成为中国历史上最短命的王朝之一。后来汉朝建立,秦朝遗臣陆贾向刘邦力荐以儒家《诗》、《书》治国,但刘邦是草莽出身,说自己是马上得天

史称老子见周将乱,乘青牛西山函谷关。

下,哪里需要什么《诗》、《书》,陆贾却劝刘邦说,可以马上得天下,却不能马上治天下。刘邦颇为受教,立刻让陆贾为他写一篇文章,分析秦失天下及汉得天下的经验教训。

对当时的汉朝来说,虽然政治上已经稳定,但百姓刚刚经历了秦末连年战乱,加上秦朝的暴政苛行在人们心中留下了不少阴影,使得人们非常渴望稳定平静的生活,不受刑罚。刘邦入关之时就曾约法三章:"杀人者死,伤人及盗抵罪,余悉除去秦法",废除了苛刻的秦国法律,赢得民心。后来掌握天下,萧何为相,制订了汉律九章,简明清楚。萧何死后,刘邦又任用曹参为相,曹参惯学黄老,以黄老之术治天下,给人民以自我修养之机,社会经济逐渐恢复,终于迎来了之后"文景之治"的盛况,所以后来的人们赞道:"萧何为法,斠若画一;曹参代之,守而勿失;载其清静,民以宁一。"

汉唐两代被视作中国伦理学的继承时期,当时的伦理思想基本上是继承了先秦时期儒、道等派的学说。

汉初以黄老学说治国,休养生息,国家的维系还是依赖着宗亲血缘关系,因此孝是当时伦理学最重要学说之一。到了汉武帝时期,国家经济已然恢复,为了巩固自己的统治,加强中央集权,汉武帝"罢黜百家,独尊儒术",改以儒家思想治国。以董仲舒为首的哲学家建立了"天人合一"思想,大力鼓吹"仁"。他认为人追根究底是从天来的,因此人不能不遵守天的法度,而天的法度也就是"仁"。

汉末天下大乱,魏晋时期纷争不断,很多文人转而投向了玄学的怀抱,尚清谈,以道家的无为、佛家的厌世思想及儒家的有命论为主。

小知识:

卡尔·波普尔(1902～1994)

奥地利哲学家,批判理性主义的创始人。他认为经验观察必须以一定理论为指导,但理论本身又是可证伪的,因此应对之采取批判的态度。此外,可证伪性是科学不可缺少的特征,科学的增长是透过猜想和反驳发展的,理论不能被证实,只能被证伪,因而其理论又被称为证伪主义。代表作《历史决定论的贫困》、《开放社会及其敌人》、《科学发现的逻辑》等。

31. 存天理,灭人欲
——宋明理学

> **道德是个人心目中的群居本能。——尼采**

朱熹是鼎鼎有名的理学大家,宋朝儒家的代表人物,被世人公认的继孔孟之后最杰出的儒学大家,"集大成而绪千百年绝传之学,开愚蒙而立亿万世一定之归"。他鼓励建立书院,使书院教育走上正规,并四处讲学,将儒家文化传播开来。这些功绩使他成为后世最为推崇的理学大家,他对《论语》的解释也被奉为圭臬,成为不容置疑的权威。

然而,在庄严正直的表象之下,朱熹却有着截然不同的一面。在他的论述中,最有名也最为人诟病的,恐怕就是"存天理,灭人欲"这一句了。"存天理"可以说是对于道的不断探索,但"灭人欲"则显然有悖于人的自然属性,否定了人类情感的自然流露,逼着众多男男女女压制自己的情感,也难怪会让人批判。而关于朱熹加害名妓严蕊的故事,更让他的名声染上了瑕疵,加深了他在人们心目中"灭人欲"的道学形象。

严蕊,原名周幼芳,出身寒微,后沦为天台营妓。因为天生丽质,加上才华出众,无论琴棋书画、歌舞管弦,无一不精,尤其擅长作诗词,能片刻写就,意境高远,为时人所叹服。因此严蕊很快便成为名噪一时的青楼女子,当时很多少年子弟都仰慕她的美艳和才华,不远万里赶来相见。

台州太守唐仲友也是位风流才子,他与朋友游玩时多半会召来严蕊侍酒,两人颇为友善。当时法度,为官者可以召歌姬应承,但只能限于歌唱送酒,却不能私侍寝席,否则虽不算犯法,但也是"犯禁"。所以唐仲友与严蕊虽亲密,却并无过分之举。

有一日,唐仲友的友人陈同父来访。这位陈同父豪爽慷慨,颇有任侠之气。两人十分投缘,唯一的分歧就是陈同父与朱熹一向交好,但唐仲友却最恨理学家,对朱熹一向轻薄。

陈同父在台州交游,结识了另外一位名妓赵娟。赵娟虽无严蕊的盛名,但也是个数一数二的丽人。日久天长,两人恩爱非常,陈同父便想为赵娟脱籍。赵娟见陈同父挥金如土,觉得他家财丰厚,也属意于他,便应承了。陈同父便去找唐仲友,希望他为赵娟脱籍。

唐仲友也愿意成全好事,便召见赵娟来问话。他素知陈同父善于挥霍,就好心提醒赵娟说,跟着陈同父须能忍饥挨冻才行。谁知赵娟是个多心的人,听了这话,竟以为陈同父家中贫寒,平素的豪爽皆是装出来的,心中便对陈同父冷淡了起来。虽然正式脱了籍,却再也不与陈同父提嫁娶之事。陈同父见她冷漠,以为她是哄自己为她脱籍,便前来质问,赵娟便将唐仲友的话说了出来。陈同父大为恼怒,觉得唐仲友是故意为之,一时气愤之下,便找到了朱熹,向他说出了此事。

此时的朱熹为浙东常平提举,是唐仲友的上司。他原本就知道唐仲友向来都鄙夷自己,听陈同父说了这件事,知道唐仲友与严蕊一向交好,觉得正可借机发难,便立刻巡行到了台州。

朱熹来得甚急,唐仲友未曾料到,一时来不及迎接,这就更让朱熹觉得他有意轻慢自己。于是当即查缴了唐仲友的官印,打算参他。他又想到唐仲友是个风流种子,必然与严蕊有私,便命人将严蕊捉来,要拷问她与唐仲友通奸之事。

哪里知道,严蕊是个极有骨气的女子,她始终不肯诬告唐仲友,一口咬定只是侍酒,绝无苟且之事。任凭拷问用刑,她也绝不改口。这样关押了一个多月,朱熹也无可奈何,只能以"蛊惑上官"的罪名,将她发配到了绍兴。

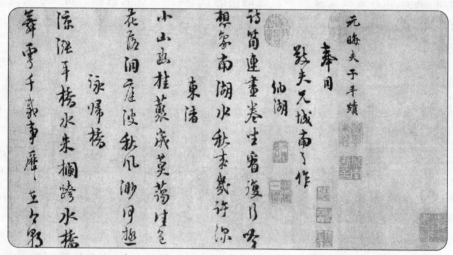

朱熹《城南唱和诗卷》局部,北京故宫博物院藏

绍兴太守为了讨好朱熹，对严蕊也是百般拷问，但严蕊依旧不肯认罪。事情传扬出去，大家都私下议论，赞言严蕊是个女中豪杰，有情有义，平日里那些与严蕊交好的少年子弟，更是纷纷前来探望。

事情越闹越大，连宋孝宗也不禁为严蕊所折服，便将朱熹改任，换了一位叫岳商卿的继任。岳商卿刚一到任便召见了严蕊，见她虽然容颜憔悴，但风姿不减，立刻遂了严蕊的心愿，判了她从良。后严蕊嫁了一位丧妻的宗室为妾，两人恩爱日久，此人也不再续弦，最终成就了严蕊的妇名，而朱熹也成了被人所鄙夷的小人。

宋明理学是宋至清时期儒家哲学思想体系的统称，因宋儒以阐释义理、兼谈性命为主，所以才有了理性的称谓。理学的创始人为周敦颐、邵雍、张载、二程兄弟，而南宋朱熹集大成，成为理学的代表人物。

广义的理学包括两个方面，一是宋朝以洛学为主的道学，至南宋朱熹达顶峰的以"理"为最高范畴的思想体系，一般狭义的理学就是指此。它是一个比较完整的客观唯心主义体系，认为"理"先于天地而存在，主张"即物而穷理"。二是明朝中后期以"心"为最高范畴的"心学"思想体系。心学断言心之"灵明"是宇宙万物的根源，"心外无物"、"心外无理"，是主观唯心主义的支持者。

理学最重要的观念就是"格物致知"，所谓格物致知，就是透过对事物的理解，获得关于事物的道理，最终获得真理，亦即"即物穷理"。理学家认为理才是世界的本质，理是先于自然现象和社会现象的形而上者，是事物的规律，也是伦理道德的基本准则。

此外，宋明理学还有很多遭到诟病的理论，比如朱熹的"存天理，灭人欲"，比如程颐的"饿死事小，失节事大"，都因为要求限制人的本能欲望而遭到后人的批判。

小知识：

张载（1020～1077）

北宋大儒，哲学家，理学支脉"关学"的创始人。在社会伦理方面，他提出"天地之性"与"气质之性"的区别，主张透过道德修养和认识能力的扩充去"尽性"。

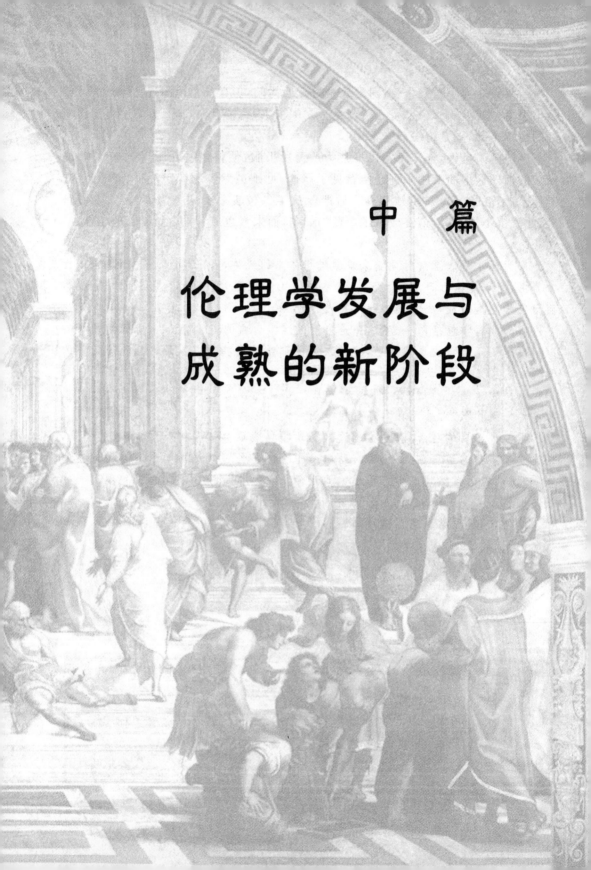

中　篇

伦理学发展与
成熟的新阶段

32.苦守寒窑十八载

——元伦理学

> 每一个人可能的最大幸福是在全体人所实现的最大幸福之中。
>
> ——左拉

如果谈到伦理,很多人都会想起王宝钏的故事。唐懿宗时,当朝宰相王允有三个女儿,其中尤以三女儿王宝钏才貌出众。王允一心想为小女儿找个乘龙快婿,谁知王宝钏对那些王公贵族的公子们毫不上心,她却对家中的下人薛平贵青睐有加。王宝钏觉得薛平贵能成为人中龙凤,便芳心暗许,一心想下嫁于他。于是王宝钏向父亲提议抛绣球招亲,王允觉得这是个好办法,便立起彩楼。

王宝钏特意将绣球抛给了薛平贵,但父亲王允见薛平贵不过是家中的一个下人,两人身份地位悬殊,决意让王宝钏反悔,重新再选。谁知王宝钏坚持要下嫁薛平贵,不肯再抛,见女儿执意不从,王允大为恼怒,几次劝阻无效之后,两人三击掌断绝了父女关系。

离开相府的王宝钏很快嫁给了薛平贵,但薛平贵上无遮头片瓦,下无立锥之地,两人无处栖身,只得搬进了武家坡上的一处寒窑。生活虽然清贫,但两人却恩恩爱爱,相敬如宾,男耕女织,也还能维持下去。

不久,西凉国向大唐献上红鬃烈马,偏偏朝中无人能制伏此烈马,使得大唐颜面尽失,于是朝廷便向全国征召能够制伏烈马的人才。薛平贵得知消息,应诏前往,凭借一身武艺制伏了烈马,并得到了封赏。

很快,西凉作乱,薛平贵被任命为先锋官,出征西凉。薛平贵拼死血战获得胜利,却被自己的手下与王允合谋陷害,绑缚起来送至西凉军营。谁知西凉王爱惜薛平贵大将之才,不但不杀他,还将自己的女儿玳瓒公主嫁与薛平贵。后来,西凉王去世,薛平贵继承王位,统治西凉,从此富贵荣华集于一身。

那边薛平贵享受着荣华富贵,这边王宝钏却在寒窑中苦苦守候,凄苦万分。就这样,十八年过去了。一天,一只鸟飞到薛平贵近前,落下一封书信,薛平贵打开一看,原来是王宝钏写给他的血书。他急于回家探望王宝钏,却担心玳瓒公主不准,便灌醉公主,盗出令牌,偷偷赶回了家中。

在武家坡上,薛平贵很快遇见了王宝钏,但此时王宝钏已经不再认识他了。薛平贵担心王宝钏变心,便故意轻薄于她,想试试

描绘薛平贵与王宝钏在一起生活的木雕画

妻子是否守节。谁知王宝钏性情刚烈,毫不动心,严词拒绝了他,逃回了自己的窑洞。薛平贵赶回窑洞表明身份,告知了王宝钏这些年的经历,夫妻这才相认。回到西凉国,薛平贵封王宝钏为正宫皇后,可是王宝钏却在被封为皇后之后十八天就死了。

元伦理学的产生是以 G·E·摩尔 1903 年出版的《伦理学原理》的出版为标志的。摩尔从直觉主义的角度出发对伦理学的根本问题即"善"的定义进行了重新阐述,得出了"善是一种不言自明、不可分析的性质"的结论,开创了元伦理学的新局面。

后来艾耶尔和 C·L·斯蒂文森更明确地划分了元伦理学与规范伦理学。随着语言哲学的发展,元伦理学已经成为伦理学的主要内容,但现在也有更多的哲学家认为,元伦理和规范伦理学是相互依赖、不可分割的。

元伦理学是研究伦理学本身的学科,是一种对于规范伦理学陈述性质的一种逻辑的和认识论的研究。它主要包括对伦理学性质的研究、对关键性道德词汇进行概念分析以及对回答道德问题的方法的研究。对于伦理学性质的研究在于讨论伦理学是什么以及做什么,讨论伦理主张本身的客观性和正当性;概念分析的目的在于说明运用主要的道德概念的有效性和充分条件;关于方法探求的目的在于说明以何种方式从道德观念上回答道德问题。

小知识:

程颐(1033~1107)

中国北宋时期的理学家和教育家,人称"伊川先生",为程颢之胞弟。他与其胞兄共创"洛学",为理学奠定基础。主张以伦理道德为其根本,"学者须先识仁。仁者蔼然与物同体,义、智、信,皆仁也"。由于与其兄程颢不但学术思想相同,而且教育思想基本一致,所以合称"二程"。

33. 思想界的浮士德
——现象伦理学

> 普遍草率地对待感情事物和爱与恨的事物,对事物和生命的一切深度缺乏认真的态度,反而对那些可以透过我们的智力在技术上掌握的事物过分认真,孜孜以求,实在荒唐可笑。——舍勒

马克斯·舍勒 1874 年生于德国,是第一世界大战前后声誉仅次于胡塞尔的著名现象学家,他的思想横跨哲学、政治学、神学乃至美学、人类学、知识社会学等各个方面,在世界范围内产生巨大的影响。后来的思想家纷纷给予他至高的评价,包括"思想界的浮士德"、"现象学的施魔者"、"禀有天主教精神的尼采"和"精神的挥霍者"在内的诸多名号。

不过,舍勒最大的成就还是在哲学方面,他同时也是哲学人类学的创始人。舍勒很早便因神童的称号而闻名于世,后来长期在大学担任哲学教授,并逐渐在现象学上开创一番新的局面。他将思维划分为宗教思维、形而上学思维和科学思维三类,提出一种泛神论和人格主义的形而上学,并力图将所有科学都包括在这种形而上学体系中。

关于认知,舍勒做出这样的论证:你如何知道你在认知呢?因此你必须建构第二个层级;在第二个层级上,你如何知道你在第一个层级上认知呢?于是你必须建构第三个层级……这样一层一层地建构上去,直到无限,总有一个最高的层次。在那里,正是上帝包容着我们的全部认知层级。

1928 年,舍勒因心脏病突发而猝死在讲台上,他大部分的著作均未完成,后来在海德格尔的主导下,他的遗孀玛丽亚将其遗稿编辑并出版。舍勒的思想曾经在当时引起巨大的轰动,又因世界大战的影响而渐渐消沉。一直到第二次世界大战以后纳粹德国灭亡,舍勒思想才渐渐开始复苏,并重新受到了关注。

现象伦理学,也叫现象学伦理学,它是德国著名的基督教思想家、现象学泰斗

马克斯·舍勒所创立的伦理学分支。尽管舍勒没有做出关于伦理学系统的论述，但从他的著作中能够总结出他的某些基本观念。

为了和康德的"义务伦理学"划清界限，舍勒将自己的伦理学称作"明察伦理学"，其伦理学的核心是"伦常明察"，也可被称为"明智"，它来源于亚里士多德所说的五个理智德行之一。现象伦理学所说的"伦常明察"属于一种"对某物的感受活动"，认为伦理认知不可以用纯粹理性认知来取代，也根本不是知识，因此不具有客观性。

小知识：

乔治·贝克莱(1685～1753)

英国哲学家，近代经验主义哲学家三代表之一。他认为，物理对象只不过是我们一起经历过的诸多感觉的累积，习惯的力量使它们在我们的心中联合起来。经验世界是我们的感觉的总和，即"存在就是被感知"。著有《视觉新论》和《人类知识原理》等。

34.美国的实用主义
——实用主义伦理学

> 人在生存的每一瞬间,都是在必然性掌握之中的被动工具。——霍尔巴赫

　　美国可能是世界上实用主义最为盛行的国家,一切皆以行动的最终结果作为判断标准。在 1998 年轰动世界的克林顿绯闻事件中,当克林顿遭到弹劾,为他辩护的律师引用了《旧约》里的一个故事:戴维王看上一名下属的妻子,为了能够得到对方,他便故意派遣自己的下属上了前线,并暗地里命令前线的指挥官,不要让这个人活着回来。于是指挥官将他派到危险的岗位上,果然此人很快就死在前线。克林顿的律师说,这件事在《旧约》里是一宗严重的罪行,但这并没有影响到戴维王身为国王的职责,没有影响到国家的运行,这名官员的死也没有对国家造成伤害。同样的情况,克林顿虽然在个人行为上有所偏差,并在作证时撒谎,妨碍司法公正,但并没有影响到他身为美国总统的职责,而他以往的政绩证明,克林顿在促进经济和就业上做得非常成功。就这样,因为考虑到美国的最大利益,克林顿成功避免了被弹劾。

以色列王大卫战胜哥利亚

　　同样的例子还有很多。第一世界大战期间,美国也同样参加了战争,此时美国的社会主义党发起了反战运动,并向应征入伍者发放反战的宣传册。就因为这件事,社会主义党的领袖被定了罪。许多人认为他们发放的宣传手册里并没有明显鼓励非法对抗征召入伍行为的话语,法院的判决是明显侵犯言论自由的行为,有违美国一贯的自由主义作风。但最高法院却坚持维持判决,并解释说,这样的行为已经直接危及了国家安全,现在美国已经参与战争,这样的宣传会导致国家利益受损,产生一个"清晰而现实的危险",因此才做出这个"实

用主义"的决定。

　　实用主义伦理学是一种以行为的实际效用为善恶标准,把道德看作是应付环境的道德理论。他们反对把伦理学与自然科学对立起来,把价值与事实切割开来的观点,提出要建立"科学的伦理学"。他们将价值与事实、主观与客观等完全等同起来,认为道德、善恶同样具有经验的性质。

　　他们认为道德是生物应付环境的一种活动,是个人在应付环境的活动中所产生的主观感觉和主观经验,道德的根源在于人的生物本能。真理和道德都不反映现实生活的事实和规律,而是人根据自身的愿望、信仰的发明。

小知识:

理查德·麦凯·罗蒂(1931~2007)

　　美国当代哲学家,新实用主义的代表人物。他利用英、美分析哲学所擅长的严格方法和精密论述详细分析了当代诸多分析哲学和历史主义思潮,并结合欧陆哲学的解构思想,发展出一套独特的新实用主义的思路和话语。代表作《哲学和自然之镜》、《真理与进步》等。

35.高老头
——情感主义伦理学

人生的本质在于运动，安谧宁静就是死亡。——帕斯卡尔

1819 年，出身于落魄贵族家庭的大学生拉斯蒂涅住进了法国巴黎拉丁区一个叫做伏盖的公寓。除了他之外，这里还住着歇业的面粉商人高里奥，外号叫"鬼见愁"的伏脱冷，被大银行家赶出家门的泰伊番小姐，骨瘦如柴的老处女米旭诺等人。

在伏盖公寓，大家唯一志同道合的事情就是在开饭的时候一同嘲笑面粉商人高里奥。高里奥是个六十九岁的老头，六年前结束生意之后便搬到伏盖公寓。最初他住在整个公寓最好的房间里，每年光膳宿费就要缴一千两百法郎，吃的是最好的食物，衣着讲究，每天都有专门的理发师来为他打理，连鼻烟匣都是金的。那时的高里奥是大家心目中最体面的人，是人人尊敬的高里奥先生。

然而，在第二年的年底，当高老头要求搬到次一等的房间之后，大家就开始把他当成"恶癖、无耻、低能所产生的最神秘的人物"。而且，总是有两个美丽华贵的少妇来找他，更令其他人觉得，他是因为艳遇而使自己变得贫穷的。尽管高老头告诉别人，那两个少妇是自己的女儿，但没有一个人相信。第三年，高老头又搬到了伏盖公寓里最差的房间，吃的是最便宜的膳食，他不再抽鼻烟、请理发师，那些黄金的饰物全都消失了。此时的高老头越来越瘦弱，也不再讲究自己的外表，变得邋遢而衰老，看起来活像一个可怜虫。所有的人都开始嘲笑他，把他当成笑柄。

拉斯蒂涅原本是个热情正直的年轻人，希望能做一个清廉的法官，但来到巴黎之后，上流贵族们奢华的生活极大地刺激了他。他改变了初衷，决心以女人为阶梯，"去征服几个可以做他后台的妇女"，满足自己"对权位的欲望与出人头地的志愿"。在表姐引荐的宴会上，他结识了美丽的雷斯多太太，而后来他才知道，这位太太就是高老头的女儿，并知道了高老头的故事。

这位面粉商人中年丧妻，之后便将所有的爱都倾注到两个女儿身上。给她们提供良好的教育，希望让她们挤进上流社会。他让大女儿嫁给雷斯多伯爵，小女儿

嫁给银行家纽沁根，并分别给了两人八十万法郎的陪嫁。他以为将女儿嫁给了体面人家，从此可以安枕无忧，谁知道不到两年，女婿便将他赶出了家门。为了讨女儿的欢心，他将自己的店铺卖掉，将钱分给两个女儿，并搬进了伏盖公寓。

然而，两个女儿对父亲却没有丝毫的感情，她们只在需要钱的时候才来看望父亲，并哭诉自己的遭遇，将父亲最后的财产榨干，随后便冷漠地离开。尽管这样，高老头依然全心地爱着自己的女儿。因为小女儿和丈夫的感情不好，他便鼓励拉斯蒂涅去追求自己的女儿，还拿出自己的钱买了一栋小楼供他们幽会。

不久，小女儿又来找父亲，说她的丈夫同意她和拉斯蒂涅来往，但要求她不能取回自己的陪嫁钱。正在这时，高老头的大女儿也来了，向父亲伸手要一万两千法郎去救自己的情夫。两个女人为了钱争吵起来，高老头急得晕了过去，得了脑溢血。

病中的高老头始终没有等到女儿的探望。小女儿现在满脑子都是要去参加一场盛大的宴会；而大女儿来过一次，却不是来探望父亲，而是逼着父亲帮她支付欠裁缝师的一千法郎，让老父亲付出最后的一文钱。

可怜的高老头快要断气了，拉斯蒂涅找人去请他的两个女儿，但两人却都推三阻四不肯来。最终，高老头在被女儿遗弃的痛苦中去世。到了这时，他的两个女儿还是不肯出席他的葬礼，拉斯蒂涅卖掉自己的金表为高老头支付了葬礼的费用。当埋葬了高老头，拉斯蒂涅流下了自己最后一滴同情的眼泪，决心从此向社会挑战。

巴尔扎克《高老头》的本意是批判资本主义社会中人与人之间赤裸裸的金钱关系，而全书中给人留下最深印象

法国文坛巨匠巴尔扎克墓

的，却是高老头对女儿悲剧性的爱。原本正常、积极的父爱在高老头这里却变了调，病态而畸形。

情感主义伦理学是现代西方元伦理学的典型理论形式之一，其代表人物有罗

素、维特根斯坦、艾耶尔等。情感主义者把伦理学当作一种非事实描述的情感、态度或信念的表达,认为它不具备逻辑与科学那样的普遍确定性和逻辑必然性。

反自然主义、非认识主义和反规范性是情感主义伦理学的基本特点。情感主义者大多否认伦理学具有科学知识的品格,主张以逻辑实证主义为基础,用逻辑语言分析和经验实证的方法取代"私人性"的哲学方法论,它排斥形而上学,因为它"不能被证实",认为哲学的唯一出路在于对语言的逻辑分析,而命题的可证实性包括逻辑证实和经验证实的方法,只有被这两种方法中的任何一种证实为有真假意义的命题,才是有意义的命题。

小知识:

布莱兹·帕斯卡尔(1623~1662)

　　法国著名的数学家、物理学家、哲学家。代表作《帕斯卡尔思想录》与《蒙田随笔集》、《培根人生论》一起被誉为"欧洲近代哲理散文三大经典"。书中反复阐述人在无限大与无限小两个极限之间的对立悖反,论证了人既崇高伟大又十分软弱无力这一悖论,揭示了人因思想而伟大这一动人主题。

36. 道林·格雷的画像
——存在主义伦理学

> 给我物质，我就能用它造出一个宇宙来。——康德

道林·格雷天生长得异常俊秀，他的美貌被画家霍华德看中，希望以他为模特儿画一幅肖像画。

在霍华德的画室里，道林·格雷认识了亨利勋爵。亨利是个玩世不恭的贵族，对世界充满厌倦，看到俊秀而单纯的道林·格雷，他忍不住将自己的想法灌输给了道林·格雷。他叫道林·格雷大胆释放自己的欲望，追求一切感官上的刺激，向诱惑投降。

年轻的道林·格雷听到亨利勋爵富有说服力的讲演，开始关注自己过人的美貌，内心也动摇起来。

就在这时，画像画好了，它是霍华德一生中最完美的杰作，将道林·格雷全部的美好都定格在画面上。面对这样出色的作品，三个人都被打动了，而对着年轻且将青春永驻在画上的自己，道林·格雷开始感到衰老的可怕，于是他向自己的画像许愿，说自己愿意用灵魂乃至一切来交换青春的永驻；并希望自己能够永远年轻，而老去的则是画像上的自己。

听到他的话，画家震惊了，他不敢相信这竟然是那个纯洁的年轻人道林·格雷说出的话，他打算毁掉这幅画作，却被道林·格雷拒绝。带着自己的肖像画，道林·格雷跟着亨利勋爵走入了名利场。

一个月后，道林·格雷告诉亨利，他爱上了一个贫寒但善良的女演员西比尔·芙恩。他在一个肮脏破旧的小剧院里看到她，那时她正在扮演莎士比亚笔下最著名的人物朱丽叶，她美丽的脸庞和动人的歌喉打动了道林·格雷。可是亨利勋爵却毫不客气地表示了自己对女人和爱情的轻蔑。但另一方面，他却对道林·格雷那渐渐萌发的欲望感到高兴，他发现自己已经诱导出道林·格雷心中潜藏着的大胆鲜活的欲望。

道林·格雷和西比尔沉浸在深深的爱恋之中，把其他一切都抛到脑后，而西比尔的弟弟却深深为她担心。道林·格雷兴奋地告诉朋友们他订婚的消息，并表示要带着他们去欣赏自己心上人的表演，哪知当天晚上的西比尔却完全失去往日的光彩，表现大为失常。

失望的道林·格雷找到西比尔，西比尔却告诉他，自己的失常正是因为他们之间的爱情，爱情让她找回了自己，她再也不是那个为剧中人而活的演员。听到这里道林·格雷立刻反目，说西比尔已经失去了她所有的艺术，自己已经不再爱她。

回到家的道林·格雷意外发现，自己的画像上出现一丝凶狠的表情，他想到自己曾经许过的愿望，意识到画像上展现的是自己的心情和变化。于是，他拿起幕布遮住画像。

第二天早上，亨利勋爵为道林·格雷带来一个不幸的消息，可怜的西比尔吞下毒品自杀了。得知消息的道林·格雷开始为自己辩护。在亨利的诱导下，他的自私渐渐展现出来，将对方的死讯抛到脑后。

为了收藏起画像的秘密，道林·格雷将它锁在秘密的读书室里，继续着自己腐朽堕落的生活。

关于他声色犬马的恶行在伦敦悄悄传播，可是当人们看到他时，却会被他脸上天真单纯的神情迷住，再也不相信那些有关他的坏评。而那张藏在密室中的画像却在变化，画中的人儿已经越来越老，脸上充满凶恶丑陋的神情。

就这样，道林·格雷成为伦敦上流社会趋之若鹜的名人，人们热衷于模仿他的穿着和谈吐。但渐渐地，越来越多的人对他避而远之。心痛的霍华德找到道林·格雷长谈，想要唤醒他的灵魂，疯狂的道林·格雷带他来到密室，将那幅已经完全变样的画像展示给他看。

霍华德无法接受这样的事实，而道林·格雷也忽然涌起对画家的仇恨，将他刺死，随后又叫人毁掉尸体。

西比尔的弟弟找到了道林·格雷，却被道林·格雷打猎的同伴无意中打死。画家死了，帮助他毁尸的人也自杀了，现在已经无人知道他的秘密。但回想往事，道林·格雷却忽然觉得厌倦，他想要变好，想要过上全新的纯洁的生活，于是他回到收藏画像的房间，拿起刀，向那个面目全非的画像刺去。

第二天，仆人们在密室找到了道林·格雷，他躺在地板上，心口上插着一把刀，已经死去了。

他的面容憔悴苍老，人们透过他手上的戒指才认出他来，而墙上挂着一幅完美的画像，与它刚刚被完成的时候一样美好。死去的道林·格雷寻回了他的道德，也找回了自己的自由。

存在主义伦理学可以用存在主义代表人物萨特的一句话概括——"存在先于本质"。存在主义者把孤立的个人非理性意识活动当作最真实的存在,并作为其全部哲学的出发点。

存在主义以人为中心,认为人是在无意义的宇宙中生活,反映一定社会关系的道德不是真实的存在,只有个人的绝对自由才是存在主义者追求的最终目标。

灵魂和道德都是人在生存中创造出来的,个人自由承担道德责任的绝对性,人没有义务遵守某个道德标准,而应该有选择的自由。

存在主义认为人的思想是从存在出发的,并且把他人与自我的存在关系视作存在与存在的关系,而不是认识的关系。他人的存在造成意识的多样性,进而导致以我为中心的世界的分裂,产生冲突和纷乱,所以人与人之间的冲突是永远存在的。只有突破他人的注视,才能争取到自身的解脱,获得最终的绝对自由。

小知识:

吉尔·德勒兹(1925~1995)

法国后现代主义哲学家。他是 1960 年以来法国复兴尼采运动中的关键人物,其哲学思想中一个主要特色是对欲望的研究,并由此发展到对一切中心化和总体化的攻击。代表作有《差异与重复》、《反俄狄浦斯》、《千座高原》等。

37.安提戈涅
——精神分析伦理学

> 自由人最少想到死,他的智慧不是关于死的默念,而是对于生的沉思。——斯宾诺莎

《安提戈涅》是古希腊三大悲剧家之一索福克勒斯最著名的悲剧,而安提戈涅正是该剧中的主角。

这个故事发生在底比斯,俄狄浦斯得知自己杀父娶母之后,自刺双目,放逐了自己。在他下台之后,克瑞翁便接替俄狄浦斯继承了王位。

当时,俄狄浦斯的儿子波吕涅克斯不愿意克瑞翁继承自己父亲的王位,企图夺权,便勾结外邦攻占底比斯,企图夺下王位。而俄狄浦斯的另外一个儿子厄特克勒斯则站在克瑞翁这边,为保卫国都而战。兄弟二人各自为战,结果双双在底比斯城下战死。

安提戈涅和父亲俄狄浦斯离开底比斯

之后,克瑞翁为厄特克勒斯举行盛大的葬礼,却将波吕涅克斯曝尸荒野,要让他的尸体"被鸟和狗吞食,让大家看见他被作践得血肉模糊"!克瑞翁还下令,不允

许任何人将波吕涅克斯埋葬，否则就将处以极刑——"在大街上被群众用石头砸死"。

然而，俄狄浦斯的女儿，厄特克勒斯和波吕涅克斯的妹妹安提戈涅却不愿意自己的兄长遭受如此残酷的下场，她决心安葬自己的兄长。尽管国王的命令不可违抗，但对当时的希腊人来说，在人间的法律之上还有天条，那是神的戒律，是真正至高无上、不可违抗的命令。而天条告诉希腊人，埋葬死者是一个神圣的义务，尤其是死者亲人的义务，如果死者不能安稳入土，那么他就无法到达冥府，那也就无法得到下界鬼魂的尊重。所以，埋葬死者才是最神圣的天条，连人间的法律也无法改变。

怀着必死的信念，安提戈涅埋葬了自己的兄长。看守尸体的士兵们也同情她的遭遇，对那神圣的天条抱有畏惧，没有一个人按照国王的指令用石头砸死她。最后，他们只是逮捕了安提戈涅，并将她带到国王面前。

站在克瑞翁面前，安提戈涅义正辞严地说："我并不认为你的命令是如此强大有力，以至于你，一个凡人，竟敢僭越诸神不成文的且永恒不衰的法。不是今天，也非昨天，它们永远存在，没有人知道它们在时间上的起源！"她的决绝令克瑞翁非常愤怒，下令将安提戈涅囚禁在石窟。

然而，无数人前来为安提戈涅求情，希望克瑞翁能够听从天的指令，最终，克瑞翁收回自己的命令，决心先安葬波吕涅克斯，再赦免她。谁知就在这时，一心求死的安提戈涅已经在石窟中的祭坛前，用锋利的祭刀自杀了。

克瑞翁的儿子深深爱着安提戈涅，知道了情人的死讯，他来到父亲面前，深深地责备他，随后也自杀了。克瑞翁的妻子知道了儿子的死讯，无法接受丧子的打击，离开了人世。顽固又无视天条的克瑞翁看着这由自己一手造成的悲剧，后悔莫及。

雅克·拉康从精神分析的角度出发，认为安提戈涅象征性地安葬波吕涅克斯的实质是因为她无意识地服从精神分析的伦理学——遵照自己的欲望行事，也就是实现自己的死亡欲望。

十九世纪末期，精神病医生弗洛伊德创立了精神分析学派，精神分析伦理学也因此而诞生了。

精神分析伦理学的重要理论是人格结构和性本能理论。

人格结构理论即社会化理论，弗洛伊德认为，人格结构由本我、自我、超我三部分组成。本我指的是原始的自己，包含生存所需的基本欲望、冲动和生命力，它是一切心理能量之源；本我的目标是求得个体的舒适、生存和繁殖，它是无意识的，不被个体所察觉。自我是自己可意识到的执行思考、感觉、判断或记忆的部分，它遵循的是"现实原则"，为本我服务。超我是人格结构中代表理想的部分，它是个体在成长过程中透过内化道德规范、内化社会及文化环境的价值观念而形成，主要用于监督、批判及管束自己的行为。超我与本我一样是非现实的，它所遵循的是"道德原则"。

弗洛伊德认为，人类有两种最基本的本能，一是生的本能，一是死亡本能或攻击本能，而生的本能包括性欲本能与个体生存本能，是为了保持种族的繁衍与个体生存。弗洛伊德所谓的性欲含意很广，指的是一切追求快乐的欲望，而性本能的冲动是人一切心理活动的内在动力。当这种能量聚集到一定的程度，就会造成机体的紧张，必须寻求途径释放能量，这就是人精神活动的能量。

小知识：

董仲舒(公元前 179 年～公元前 104 年)

西汉著名的哲学家、经学家。他把儒家的伦理思想概括为"三纲五常"，即"君为臣纲，父为子纲，夫为妻纲"和"仁、义、礼、智、信"。此外，他行教化、重礼乐，并提出神学化的人性论，认为人受命于天，讲求"天人感应"。

38. 不食嗟来之食
——人格主义伦理学

> 人有自由意志，成人成兽全靠自己。——卢克莱修

战国时期，各国征战连连，百姓流离失所，常有饿死的事发生。有一年，齐国发生了大饥荒，许多人无以为生，只能四处乞讨。

有一个贵族叫做黔敖，眼见许多人快要饿死路边，心中怜悯，便在路边设了一个食摊，向过往的逃难者提供食物。这时，有一个人走过来，他衣衫褴褛，拿袖子遮着脸，拖着鞋，脚步无力，昏昏沉沉，看起来已经饿了很多天。黔敖看到他，便一手拿着食物，一手端着水，叫道："喂！那个人，过来吃东西！"谁知道那个人抬起头看着黔敖说："我就是因为不肯吃侮辱性施舍的食物，所以才落到今天这个地步。"黔敖见他不快，知道自己态度太过高傲，赶紧向他道歉，并请他过来享用食物，但此人坚持不吃，终于饿死在路旁。

后来曾子听说了这件事，感叹道："何必这样呢！如果被人家粗鲁呼唤可以离开，但人家已经道歉了，那还是可以去吃的啊！"

这位饥者以死亡证实了自己人格的伟大。关于人格主义的论述十八世纪就已经出现了，但直到十九世纪末才作为一种哲学理论体系而真正形成。人格主义的主要创始人是美国哲学家B·P·鲍恩，此外弗卢埃林、布赖特曼等人影响也比较大。

人格主义认为，人的自我、人格是首要的存在，整个世界都因与人相关而获得意义。人格是一种道德实体，其内部存在着善与恶、美与丑等不同价值的冲突，而这种冲突正是一切社会冲突的根源。上帝是每一个有限人格的理想和归宿，解决社会问题的关键在于信仰上帝，以调解人格的内部冲突。

39.完整人道主义
——新托马斯主义伦理学

这种人道主义将承认人的非理性部分,使它服从理性,同时也承认人的超理性部分,使理性受它的鼓舞,使人敞开胸怀受神性的降临。它的主要任务将是使福音的酵素和灵感渗入世俗生活的结构——这是一个使世间秩序神圣化的任务。——雅克·马里坦

1948 年 12 月 10 日,为了帮助弱小,反抗强权,鼓励自由、平等和和平,《世界人权宣言》诞生了。这份有着三十项条款的宣言声明了人生而平等的原则,要求尊重每个人所具有的权利,并经由联合国投票通过。

据说,这份宣言中有二十二条都是由一名叫雅克·马里坦的哲学家所撰写的,而这个雅克·马里坦正是新托马斯主义的代表人物。

雅克·马里坦 1882 年出生于巴黎,他的父母都是虔诚的新教教徒,但长大后的马里坦却对宗教神学失去了兴趣。进入巴黎大学文理学院求学之后,他对科学产生了浓厚的兴趣,相信科学能够最终解决人类的一切问题,成为科学主义的拥护者。

正在这个时候,柏格森的生命哲学在法国流行起来。柏格森提倡直觉,贬低理性,认为只有直觉才能真正体验到生命的本体性存在,而科学和理性则只是相对的运动规律和表面现象。柏格森的生命哲学具有强烈的唯心主义和神秘主义色彩,但它对理性主义认识的批判和颠覆,对于人类精神世界的解放仍然具有进步的意义。

柏格森的生命哲学理论为马里坦开启了一条新的道路,让他从科学主义的理性世界中走了出来。不过,马里坦对柏格森的追随也并没有持续太久。1906 年,他和妻子拉依撒·奥曼索夫共同皈依天主教,并在不久后开始钻研托马斯·阿奎纳的著作。

托马斯·阿奎纳是中世纪经院哲学的代表人物,他将理性引进神学,用"自然法则"来论证"君权神圣"说。在他的著作《神学大全》中,他以极大的篇幅讨论神学的德行,将审慎、节制、正义,以及坚忍列为人类的四大美德,同时还指出三大神学

上的美德：信仰、希望，以及慈善。不过到了文艺复兴时期，人道主义思潮向托马斯的理论展开强烈抨击，再加上近代科学的兴起，唯物论和无神论思想的兴盛，宗教神学陷入空前的危机，经院哲学一度到了毁灭的边缘。

"尽管我曾经满怀希望地在所有现代哲学流派中寻觅，但毫无所获，得到的只是失望与彷徨。"从科学主义到生命哲学最后到经院哲学，马里坦一直在寻找着一个真正能让他理解世界的哲学，终于，他在托马斯·阿奎纳这里找到了。

重新捡拾起这发端于中世纪的古老哲学，马里坦让它发出新的光芒，创造出属于他自己的"完整人道主义"。与托马斯·阿奎纳相比，马里坦更加关注现实，他期待着能够在现代科学不断发展的今天，为信仰缺失的人重新树立起对上帝的绝对信仰。

马里坦认为，人道主义问题之所以成为现代宗教和文化伦理的中心主题之一，主要在于人道主义思潮本身仍然保留着文艺复兴时期各种自然主义思潮的影响，因此使得它常常成为现代西方文化包括宗教伦理所不得不面临的一种历史氛围；另外，基督教的观念中很多关于禁欲与清教主义的观念，都容易让人产生非人道的印象。而人们常常认为人道主义与基督教之间的分歧是现代西方文化争论的焦点，这实际上是一种错误的观念，它其实应该是两种人道主义概念之间的争论，一种是以神或基督教为中心的概念，可以称之为"真正的人道主义"（the true humanism）或者说是"完整的人道主义"（the integral humanism）；另一种则是以人为中心的概念，也可以说是"非人道的人道主义"（inhuman humanism）。

马里坦的"完整的人道主义"观念是新托马斯主义伦理学中最重要的观念之一。新托马斯主义以复兴中世纪基督教思想为宗旨，因为起源于托马斯的经院哲学，因此又称为新经院主义神学。它的目的就是使托马斯主义中的观点，比如上帝存在的各种证明、模拟理论、关于哲学与神学关系的理论等等，适用于新的时代。

小知识：

列夫·舍斯托夫（1866～1938）

俄国思想家、哲学家。他是极端非理性主义的代表人物，集中于猛烈抨击传统形而上学和追寻圣经中全能的上帝。他认为人的生存是一个没有根据的深渊，人们要么求助于理性及其形而上学，要么听从为人们揩掉每一滴眼泪的上帝的呼告。代表作《雅典与耶路撒冷》、《思辨与启示——舍斯托夫文集》。

40.现代神学的诞生
——新正教派伦理学

> 人是生而自由的,但却无往而不在枷锁之中。自以为是其他一切的主人,反而比其他一切更是奴隶。——卢梭

1886 年 5 月 10 日,一个叫卡尔·巴特的男孩出生在瑞士,他的父亲是一名改革派牧师,这样让巴特很自然地选择这一职业。十八岁时,巴特来到德国研读神学,后来又在伯尔尼、柏林、杜平根及马堡继续攻读神学,跟随著名的自由派神学家如温哈内、赫耳曼等人学习,此外,他还对士来马赫的经验神学大感兴趣。

1909 年,巴特进入瑞士教会工作,并在 1911 年接受加尔文宗牧师职。之后的十年里,他都在萨芬维尔德改革教会工作,就在这段时间里,他发现自己所受的自由派训练使他只能按照理性及经验传道,而这些都不是神权威性的话语。

1914 年,第一次世界大战爆发,曾经标志着文明的国度忽然变成血腥残杀的恶魔,他曾经爱戴的老师却无视于那些暴行,并表示支持德国。这令巴特陷入了沉思之中,"第一次世界大战交战双方的基督徒都利用'上帝'来支持战争,为战争辩护时,这一后果的灾难性是十分显然的。上帝就像一个负载的动物被人饲养,用来背负人们想要加在其身上的任何观念"。巴特开始

第一次世界大战期间英国军队号召男性公民参军的宣传画。

抛弃了曾经的自由派思想,重新研读圣经和改革者的教义,希望能够寻找到思想的启迪。

1919 年,巴特写出自己最重要的著作——《罗马书释义》。巴特建议教会重新拾回正统主义的一些根本教义,他将焦点集中于神,而非人。他主张神与人是完全隔绝的,由于神的全然超越性,我们不能用形而上学的体系把神描绘成所谓一切存有的根基或是最高存有等抽象名词。神既是超越的,便不能被收在这些分类系统中。"从根本上说,对上帝的认知……永远是间接的。"

《罗马书释义》的出版立刻产生巨大的影响,它开启了现代神学,让一个新的神学时期真正到来,而他的存在,也使得二十世纪的神学被称作"危机神学"。而这本书不仅是神学界的代表著作,就是在学术领域,也具有不可取代的重要意义。

作为现代神学的领袖,卡尔·巴特也是新正教派伦理学的代表人物。他反对中世纪以来的自然神学,反对神学的世俗化和人文化,认为人和神之间有着永远无法填补的深渊,人的灵和神的灵是截然不同的两回事。因此上帝之道只能从神到人,而无法从人到神。他认为离开天主的启示去谈伦理是不可能的,因为人的理智已经被原始堕落和本罪所败坏,不要用理智去分辨善恶,而要如天主一样,自己去分辨善恶。

"当个体把他自己视为伦理道德问题的主体时,他便在与他的同类人的联想中来设想他自己,他把自己看作社会的主体。这说明他已有意识地把他的所作所为、他的道德目标看作一种历史目标。"卡尔·巴特认为伦理道德问题不仅是"我应当做什么",更应该是"我们应当做什么"。人类行为的道德理想目标及其普遍性价值要求,对每个人来说都是一种不可推卸的责任,这是个人作为历史主体的必然要求。

小知识:

殷海光(1919～1969)

中国著名逻辑学家、哲学家,曾从师于著名逻辑学家、哲学家金岳霖先生。1949 年到台湾,同年 8 月,进入台湾大学哲学系任教。在几十年的治学生涯中,殷海光一直以介绍西方的形式逻辑和科学方法论到中国为己任,大力提倡"认知的独立",强调"独立思想",撰写了《思想与方法》、《论认知的独立》、《中国文化之展望》等著作。

41. 图尔敏模式
——语言分析伦理学

　　史蒂芬·图尔敏是著名的哲学家，也是语言分析伦理学派的代表人物。图尔敏最有影响力的成果是关于论证模式的研究，提出有说服力的论证六要素，也就是图尔敏模式。

　　一般情况下，一个论证有三个最基本的成分：主张、预料和正当理由。完整模式添加了支持、模态限定和反驳。而图尔敏模式包括六个成分：1. 主张，即某人试图在论证中证明为正当的结论。2. 预料，作为论证基础的事实。3. 正当理由（担保），它是连接根据与结论的桥梁，保证主张合法地基于根据。4. 支持性陈述，透过回答对正当理由的质疑，进而提供附加的支持。5. 模态限定，指示从根据和正当理由到结论的跳跃力量（结论是肯定得出还是可能得出）。6. 反驳，阻止从理由得出主张的因素。

图尔敏认为：一个诺言之所以有约束力，是因为有道德的维度在其中。

　　在谈到道德伦理和社会制度的关系时，图尔敏举过这样一个例子：如果你借了人家的一本书并答应对方一定会还，那么就可以推出这样一个结论："如果我留下这本书不归还，那是不道德的，因为不遵守诺言是不道德的事。"由此图尔敏认为"诺言便是我们的制度之一"。最终可以推断出"所有社会制度都建立在一整套义务和权益的系统之上"。也就是说，在图尔敏这里，一个诺言之所以有约束力,是因为有道德的维度在其中,就算只是语言形式的诺言,也可以被认为是一种完成的社会事实,也能成为社会制度。从上面这个例子中,可以清楚地看出图尔敏所秉持的伦理学观点。

分析伦理学是二十世纪一个形式主义的伦理学学派,是对道德判断的语言和命题的意义进行逻辑和价值分析的学科。它也被看作是"元伦理学"的同义词。二十世纪四十年代末五十年代初,逻辑实证主义发展为语言实证主义,其相对的道德理论也由情感主义发展为语言分析伦理学。

语言分析伦理学修改了情感主义关于道德判断不可论证的说法,承认道德判断和具体的道德命令具有真理性,也就是承认它可以透过引证经验事实来加以验证。而这种证实是透过经验观察,断定说话人确信自己是正确的,并得出相应的结论。

此外,语言分析伦理学试图避免情感主义对道德所做的极端唯意志的解释,排除个人的随心所欲的成分,认为道德判断不仅反映说话人当时的情感,而且和他信仰的道德体系有关。人们可以出于个人的爱好和意愿,随意进行选择,但一般的道德体系、道德理想和原则仍然是不能论证的。

实际上,语言分析伦理学仍然和情感主义一样,认为价值不可能从事实中推导出来,人们的道德信仰具有随意性。因为无法回答道德理论的一般问题,比如人们的道德观念和社会历史的联系等,导致部分语言分析伦理学家转而向宗教寻求答案。这一学派在 20 世纪 80 年代走向没落。

这个学派的主要代表人物是英国的图尔敏,此外还有希尔、汉普希尔、艾肯等人。

小知识:

艾茵·兰德(1905~1982)

俄裔美国哲学家、小说家,她的哲学理论和小说开创了客观主义哲学运动。她强调个人主义的概念、理性的利己主义,以及彻底自由放任的资本主义。她认为个人有绝对权利只为他自己的利益而活,无须为他人而牺牲自己的利益,但也不可强迫他人为自己牺牲;没有人有权利透过暴力或诈骗夺取他人的财产,或是透过暴力强加自己的价值观给他人。

42.饥饿的丑闻
——人本主义伦理学

水是万物之本源,万物终归于水。——泰勒斯

在世界知名的新闻照中,有一张照片引起的争议最大,这张照片叫做《等待》,是南非战地记者凯文·卡特到苏丹采访时所拍下的。当时,苏丹国内发生了叛乱,民不聊生,粮食十分匮乏,很多人都活活饿死。那天,心情沉重的卡特为了舒缓自己目睹着许多人活活饿死的惨状带来的压抑,离开救济站,独自走开散心,在灌木丛的边上,他看到了这样一幅景象:一个已经饿得皮包骨的孩子正在向救济站爬去,因为太过饥饿,他已经没有力气站立,只能缓慢向前爬去。在孩子身后,一只秃鹰正静静站立着,很显然,这只食腐动物已经闻到那孩子身上即将来到的死亡的味道,正等待着猎物的死去。

卡特拍下了这张经典的照片,获得了新闻摄影的最高奖项"普立策奖"。但随之而来的,却是众多的质疑和谴责,谴责他为何忙于拍照,而不去帮助那可怜的孩子。因为承受不了巨大的心理压力,没多久,卡特就自杀了,临死前的他只留下一张字条说:"真的,真的对不起大家,生活的痛苦远远超过了欢乐。"

法国记者弗朗斯·莱斯普里讲述了他在孟加拉国的亲身经历,这是世界上最贫瘠的国家之一,随时都能看到饿死的人。孩子们多半在街上乞讨,希望能够维系基本的生存。有一天,弗朗斯在垃圾堆中发现了一个奄奄一息的男孩,他伤痕累累,一根根肋骨都能看得分明,虚弱的身体显示着他很久没有进食的事实。弗朗斯赶紧将他送到附近的修女开办的救助所,但因为长久以来的饥饿,这个男孩在第二天就去世了。

在讲述这件事的时候,弗朗斯又讲了这样一个故事:有一对生了五个孩子的父母,有一天,父母打算出门旅游,于是他们叫来大儿子,给了他十万里拉并对他说:"这里有十万里拉,是给你和弟弟们这段时间用的。"然后就出门了。大儿子叫来四个弟弟,拿出两万里拉并对他们说:"这里有两万里拉是给你们四个人用的,我要和

在 1993 年 3 月 26 日,美国著名权威大报《纽约时报》首家刊登了凯
文·卡特的这幅照片。接着,其他媒体很快将其传遍世界,在各国
人民中引起强烈回应。

我的朋友出门兜风了。"然后他带着其他的八万里拉离开了。弗朗斯激动地说:"那
个占有了自己弟弟的钱的老大难道不是小偷吗? 可是我们,这些所谓世界上最富
裕国家的居民,却并没有权利批评他。因为,我们只占全世界人口的 20%,但却消
耗了 80%的世界资源。"

　　人本主义最早源于希腊文 antropos 和 logos,意为人和学说,它是一种把人生
物化的形而上学唯物主义学说。人本主义承认人的价值和尊严,把人看作万物的
尺度,以人性、人的有限性和人的利益为主题。它认为人类的自由权利不可侵犯,
坚信"人是万物的尺度",将人类的生存当作终极、永恒的价值和意义。
　　人本主义哲学家反对把灵魂和肉体分割为两个独立的实体,反对把灵魂看作
第一性的唯心主义观点,但他们观念中的人只是生物学意义上的人,却完全忽视了
人的社会性,不能联系具体的历史、社会背景来考察人。

小知识:
　伽利略(1564~1642)
　　意大利物理学家、天文学家和哲学家,近代实验科学
的先驱者。他一生坚持与唯心论和教会的经院哲学做抗
争,主张用具体的实验来认识自然规律,认为经验是理论
知识的源泉。他承认物质的客观性、多样性和宇宙的无
限性,这些观点对发展唯物主义哲学具有重要的意义。
代表作《关于两门新科学的谈话和数学证明》等。

43．莎乐美

——新行为主义心理伦理学

> 人的理性粉碎了迷信，而人的感情也将摧毁利己主义。——海涅

莎乐美最早是记载于圣经中的人物，在《圣经·马太福音》中是这样写她的：那时，分封的希律王听见耶稣的名声，就对臣仆说："这是施洗的约翰从死里复活，所以这些异能从他里面发出来。"

起先希律王为了娶他兄弟腓力的妻子希罗底，把约翰捉住关在监狱里。因为约翰曾对他说："你娶这妇人是不合理的。"希律王就想要杀他，只是怕百姓，因为他们以约翰为先知。

到了希律王的生日，希罗底的女儿在众人面前跳舞，得到希律王欢心。希律王就发誓，答应她提出的要求。女儿受母亲唆使，就说："请把施洗约翰的头放在盘子里，拿来给我。"

希律王于是打发人去，在监狱里斩了约翰，把头放在盘子里，拿来给女儿，女儿拿去给她母亲。

而在王尔德的笔下，莎乐美却有着更加迷人性感的形象。传说中的莎乐美是一个美丽妖艳的女子，她是巴比伦国王希律王和自己兄弟腓力的妻子所生的女儿。她美丽不可方物，令巴比伦国王爱逾生命，而她的舞姿更是曼妙迷人，据说巴比伦国王宁愿用半壁江山换取莎乐美的一舞。

希律王娶了自己兄弟的妻子希罗底，可是先知约翰却告诉他，这样的行为是不合理

莎乐美以极端血腥的方式拥有了约翰，因此，她也被视为爱欲的象征词。

的,恼火的希律王打算杀掉约翰,可是因为先知约翰在百姓中有着极高的声望,他不能妄动,只好将约翰关进了监狱。

谁知他的女儿莎乐美却爱上了先知约翰,可是约翰拒绝了莎乐美的求爱,并毫不留情地斥责了她。在希律王的生日宴会上,王希望莎乐美能为他跳舞舒缓情绪,但莎乐美坚持要希律王答应她的一个愿望,然后才能起舞。为了欣赏到莎乐美的舞蹈,希律王答应了莎乐美的请求。

舞蹈之后,莎乐美提出了自己的要求,她要希律王将先知约翰的头放在盘子里端来给她。希律王大为吃惊,但碍于誓言,只得答应了莎乐美的要求,派人去狱中斩下约翰的头颅放在盘子里,献给了莎乐美。端着盘子,莎乐美终于满足了自己的心愿,深深吻上了约翰的唇。

莎乐美这一举动,也许是所有心理学和伦理学大师都最希望分析,但也是最难解释清楚的问题。

行为主义心理学是20世纪初起源于美国的一个心理学流派,创建人是美国心理学家华生。所谓行为,就是机体适应环境变化的各种身体反应的组合,而行为主义认为,心理学不应该研究意识,只应该研究行为。因为人类的行为都是后天学到的,环境决定了一个人的行为模式,只要明白了环境刺激与行为反应之间的规律,就能达到预测并控制行为的目的。这种观念实际上就是将意识和行为绝对的对立起来,但却促进了行为主义的实验伦理学的诞生。

小知识:
戈特弗里德·威廉·凡·莱布尼兹(1646~1716)

德国最重要的自然科学家、数学家、物理学家、历史学家和哲学家。他认为一切实体的本性,包括实体应是构成复合物的最后单位元,本身没有部分,是单纯的东西,即精神性的单子。其单子论是一个客观唯心主义的体系,有向宗教神学妥协的倾向,但也包含一些合理的辩证法因素。

44.轨道上的小孩
——直觉主义伦理学

世界上没有两片完全相同的树叶。——莱布尼兹

　　这里是一个城市的铁路线,可以看见铁轨延伸向不同的地方。有七个孩子正在铁轨上玩耍,不远处,一条废弃的铁轨上,还有一个孩子在独自玩耍。这时,一列火车呼啸而至,眼看就要到达孩子们玩耍的地方了。而现在的情况是,火车已经无法停下或者减速,而铁道工又无法及时通知孩子们躲避,火车不可避免要撞上正在玩耍的孩子。

　　现在问题来了,如果你是铁道工的话,你是选择让火车按照原定的轨道行驶,还是选择更换轨道,将火车引导到废弃的铁轨上?如果按照原定的轨道行驶,那么七个孩子将性命不保,但如果引入废弃的铁轨,那独自玩耍的小孩也将丧失性命。如果注定会有孩子死去,你的选择是什么呢?

　　这是一个著名的问题,被询问到的人多半选择了将火车引到废弃的铁轨上。他们的理由也很相似,这样只会有一个孩子牺牲,却能挽救七个孩子的性命,以数量来说,这样当然是正确的选择。

　　事实是否真的如此呢?当我们仔细看问题中的场景时可以发现,那个独自玩耍的孩子是在一条废弃的铁轨上游戏的,但其他七个孩子选择的却是使用中的铁轨。要知道,使用中的铁轨是不允许靠近的,何况是在上面游戏,也就是说,这七个孩子是选择了一个危险的地方进行游戏,那个独自玩耍的孩子则是

选择了一个安全、正确的地方。明明是这七个孩子起初就犯了错,但为什么最后却让那个没有犯错的孩子承担责任呢?

所以说,有时候人们透过直觉做出的并不一定是最正确的选择。

直觉主义伦理学,也称为伦理学的直觉主义,它是一种客观主义伦理学,认为伦理知识可以透过直接的意识或必然的洞见而为真。直觉主义者相信我们能够直接知道一定的行为在道德上是正当的或是错误的,而不必考虑它的后果。

直觉主义伦理学反对那种认为没有任何道德真理的怀疑主义,也否定依据自然性质来界定诸如"善"、"正当"等基本伦理术语的做法。直觉主义者认为,伦理普遍概括是一种推论过程的观点,犯有无穷后退或恶性循环的错误,事实上对基本道德判断的证明必须既不是归纳的,也不是演绎的,应该是不证自明的。

伦理直觉主义有时也坚持认为人们是依靠经验知道伦理陈述的真假这一自然主义立场,因此在某种意义上,伦理直觉主义也是非自然主义。不过,由于直觉主义和自然主义二者都宣称有伦理知识,因此它们两者都是道德认知主义而与非认知主义相对立。

小知识:

托马斯·阿奎纳(1225~1274)

中世纪经院哲学的哲学家和神学家,他把理性引进神学,用"自然法则"来论证"君权神圣"说。他的伦理学是基于他所谓的"行为的第一原则"之上的,他认为神学上的三大美德信仰、希望和慈善是超自然的,它们的目标与其他美德不同。他将法则分为四大项:永恒的、自然的、人类的、神授的,而永恒的法是上帝治理所有生物的根据。

45.元伦理学的开创者
——价值论直觉主义

> 我唯一知道的,是我一无所知。——苏格拉底

"照我看来,在伦理学上,正像在一切哲学学科上一样,充满其历史的困难和争论主要是由于一个十分简单的原因,即由于不首先去精确发现你所希望回答的是什么问题,就试图作答。即使哲学家们在着手回答问题以前,力图发现他们正在探讨的是什么问题,我也不知道这一错误根源会消除到什么程度;因为分析和区别的工作常常是极其困难的:我们往往不能完成所必需的发现,尽管我们确实企图这样做。然而我做好这样的准备,即在许多情况下果断地尝试足以保证成功;因此,只要做了这种尝试,哲学上许多最触目的困难和争论也就消失了;无论如何,哲学家们似乎一般并不做这一尝试;而且,不管是否由于这种忽视,他们总是不断力求证明'是'或者'不'可以解答各种问题;而对这类问题来说,这两种答案都是不正确的,因为事实上他们心里想的不是一个,而是几个问题,其中某些正确答案是'不',而另一些是'是'。

我在本书中已力图将道德哲学家们通常自称从事解答的两类问题清楚地加以区分;但是正像我已证明的,他们几乎总是使二者不仅相互混淆,而且跟其他问题混淆起来。第一类问题可以用这样的形式来表达:哪种事物应该为它们本身而存在?第二类问题可以用这样的形式来表达:我们应该采取哪种行为?我已力求证明:当我们探讨一事物是否应该为它本身而存在,一事物是否就其本身而言是善的,或者是否具有内在价值的时候,我们关于该事物究竟探讨什么;当我们探讨我们是否应该采取某一行为,它是否是一正当行为或义务的时候,我们关于该行为究竟探讨什么。"

这是乔治·爱德华·摩尔在他的著作《伦理学原理》中的序言。摩尔1873年生于伦敦,十九岁进入剑桥大学三一学院求学,读书期间,他接受当时盛行的以F·H·布拉德雷为代表的新黑格尔主义的伦理学观点。毕业之后他留校从事研

106

究工作，但在研究德国哲学家康德的"理性"概念时，他的思想发生了转变，开始认为精神活动和这一活动的对象是有区别的，而且精神活动的对象是独立于精神活动的一种存在。

1903年，摩尔发表了《驳唯心主义》一文，发动了对新黑格尔主义的反击，在当时引起巨大反响。1904年，他发表自己的著作《伦理学原理》，宣告了另一种伦理学——元伦理学的诞生。

作为元伦理学的开创者，摩尔的伦理学被称为价值论直觉主义。它是直觉主义发展的必然阶段，也是资本主义社会转型期道德变化在伦理学上的反映。

摩尔的元伦理直觉主义主要有以下三个方面的内容：

一、伦理学的本源是"善"，但这个"善"是不可分析、单纯的，所以它也是不可定义的。这也是摩尔整个伦理思想的逻辑起点。

二、传统规范伦理学给"善"定义的做法是错误的。无论一般的自然主义伦理学、形而上学伦理学还是快乐主义伦理学，都把"善性质"混同于"善物质"，把"目的善"混同于"手段善"，这是一种"自然主义谬误"。

三、伦理学的目的是知识，不是实践，但又离不开实践。

在摩尔的伦理学中，还是有着极大的功利主义倾向，表明他仍然受着其反对的规范伦理学的影响，但他所开创的元伦理学，无疑给伦理学一个全新的视野。

小知识：

狄尔泰（1833～1911）

德国哲学家，生命哲学的奠基人。他严格区分了自然科学与精神科学，并以生命或生活作为哲学的出发点，认为哲学不仅仅是对个人生命的说明，它更强调人类的生命，指出人类生命的特点必定表现在时代精神上。他的哲学思想是新康德主义的发展。代表作有《精神科学序论》、《哲学的本质》等。

46. 南宋的灭亡
——普里查德的义务论直觉主义

　　永远不要说什么"我已经失去它了"这类的话，而只说："我已经把它还回去了。"你的孩子死了吗？他已经被送回去了。你的妻子死了吗？她被还回去了……我得外出流浪去了；有没有人能挡住我带着微笑和宁静出发呢？"我要把你关进牢房。"你关住的只是我的肉体。我必须死，因此我就非得怨恨地死去吗？……这些都是哲学应该预演的课程，应该每天都写下来，并且实践。——爱比克泰德

　　南宋年间，历代皇帝都一心偏安，醉生梦死，加上奸臣当道，只知横征暴敛，搜刮纳贿，弄得国库空虚，民不聊生，北伐大业一误再误。此时金国也日渐腐朽，而与此相对的，则是蒙古高原上蒙古铁骑的崛起。在成吉思汗的带领下，蒙古铁骑灭了西辽、西夏，完成了对中亚的征伐之后，挥军南下，直指金国和南宋。

　　宋恭帝德祐元年，即 1275 年，蒙古大军兵分三路全面侵宋，忽必烈亲自率领大军进攻鄂州，兵锋直指南宋都城临安。奸臣贾似道连忙向忽必烈求和，愿意以纳贡换得平安，正好忽必烈得知蒙哥在前线病逝，为了赶回去争夺汗位，便答应了贾似道的条件，撤军回北方去了。

　　当时两淮局势紧张，众多大臣、幕僚纷纷逃离，希望能躲避战乱，而淮东制置使李庭芝的幕僚中却有一人表现得临危不惧，愿意与国共存亡，这个人便是陆秀夫。经此一乱，李庭芝对陆秀夫另眼相看，将他推荐给了朝廷，做了礼部侍郎。

　　但和平只是暂时的假象，忽必烈夺了汗位之后，立刻重新开始了他坐拥天下的战争，再次挥军南下。宋军积弱，蒙古军一路如入无人之地，摄政的太皇太后知道大势已去，无心反抗，带着五岁的宋恭帝赵㬎议和乞降，自动削去国号，改为"国主"，将全部河山拱手相让。

虽然大势已去,但仍有一批铁胆忠心的大臣们不甘心国家就此灭亡,他们得知益王、广王到了温州,便纷纷前去投奔,其中便有陆秀夫。在陆秀夫等人的带领下,他们在温州拥立广王登基,改元景炎,希望能将南宋政权延续下去。

可惜的是,就算是这样飘摇多舛的流亡朝廷,大臣之间仍是矛盾不断,更不用说合力抗元了。不久,元军进攻福州,陆秀夫等人只能陪着小皇帝登上了南宋最后的水师舰队,来到了崖山,在海上艰难维持着最后的南宋王朝。

元世祖忽必烈出猎图

不久,小皇帝病逝,陆秀夫又拥立其弟赵昺为帝。风雨飘摇之中,陆秀夫和张世杰的舰队被元军著名汉将张弘范率领的部队一举击溃,最后的南宋政权摇摇欲坠。

陆秀夫知道此番已经再无转圜之机,决意殉国。他穿戴整齐,逼着自己的妻子跳海,面对着从四面八方围上来的元军,冷静地对小皇帝赵昺说:“事情到了这个地步,皇上也只好殉国了。国事至今一败涂地,陛下当为国死,万勿重蹈德祐皇帝的覆辙。德祐皇帝远在大都受辱不堪,陛下不可再受他人凌辱。”说完,便背起赵昺,用白色的绸带将

陆秀夫负幼帝跳海石像

两人紧紧捆在一起,果断跳入海中,以死殉国。得知皇帝已经殉国,朝廷里的诸位大臣和后宫女眷们也纷纷跳海,死者多达数十万人。

统治中国三百余年的大宋王朝也正式灭亡,更有后人感叹道:“崖山之后,再无中国。”而陆秀夫也完成了他作为大宋王朝臣子应尽的义务,成为了令人敬仰的忠臣楷模。

在摩尔提出了价值论直觉主义之后,H·普里查德于1912年发表《道德哲学能建立在错误上吗?》一文,首先提出义务论直觉主义的基本原则,他反对摩尔的价值论直觉主义,并把义务当成了伦理学的主要范畴。

　　普里查德主张,伦理学的核心范畴不是"善"的概念,而是"责任"、"义务"、"正当"等道德义务范畴,它们是客观的、绝对自明的,是不可定义、无需推理的。人们既不能从其他伦理事实或非伦理属性中推出"义务",也不能把它归结为任何其他的伦理属性。

　　义务论主要源自康德,他们认为,其他道德概念都可以用"正当"这些概念来定义,或者至少可以说,运用其他道德谓词的判断都要用以这些义务性概念为基础的判断做出证明。

小知识:

安萨里(1058～1111)

　　伊斯兰教权威教义学家、哲学家、法学家、教育家,正统苏菲主义的集大成者。他深受神秘主义思想的影响,将苏菲神秘主义引入正统信仰,采用逻辑概念和思辨方法论证正统教义,将哲学与宗教、正统信仰与苏菲主义、理性和直觉内心体验加以弥合,完成了艾什尔里派学说体系的最终形式。从理论上构筑了伊斯兰教正统的宗教世界观和人生观,把伊斯兰教经院哲学推进到全盛时期。

47. 托尔斯泰的失败与伟大
——罗斯的温和义务论直觉主义

> 惊奇是哲学家的感觉,哲学开始于惊奇。——柏拉图

列夫·托尔斯泰,俄国最著名也最伟大的文学家,他以对社会深刻的剖析和认识,展现了当时俄国的种种矛盾,也展现了他作为一个知识分子所应有的人文精神。更重要的是,托尔斯泰并不仅仅是一个纸上的空想家,还是一个勇于实践的践行者,他开办农奴学校,实行农奴改革,尽管他的努力以失败告终,但这也丝毫无损于他的伟大。

托尔斯泰 1828 年 8 月 27 日出生在一个大贵族家庭里,在他幼年时父母就过世,他改由姑母抚养。虽然父母早逝,但托尔斯泰却度过一个无忧无虑的童年,他没有任何贵族身上的恶习,是个聪明善良、热爱幻想的小少爷。

后来,托尔斯泰被送到莫斯科求学。由于庄园上的收入难以维持他在莫斯科的生活,托尔斯泰再次回到家乡。回到自己熟悉的故乡,托尔斯泰却发现许多以前他没有注意过的地方,曾经玩耍的庄园里有贫穷的农民、破烂的农舍和饥饿的牲口,原来陪伴他玩耍的小伙伴们和他过着完全不同的生活。他意识到农奴和贵族的不同,也开始思考起生活的不公。

后来,托尔斯泰跟随姑母来到喀山生活。在觥筹交错的贵族舞会中,托尔斯泰却感觉格格不入,他还在想着庄园里那些农奴,出于悲天悯人的天性,他希望自己能够改变他们的生活。于是他开始学习法律,并接触到革命民主主义的思想,积极投身到反对农奴制度的运动中去。

几年之后,十九岁的托尔斯泰回到老家,分到属于自己的庄园——亚斯纳亚·波利亚纳,成为了 1200 俄亩土地和 330 名农奴的主人。兴奋的托尔斯泰开始第一次认真巡视自己的土地,但很快,他的热情便被面前的现实浇熄,面对他的是充满害怕神情的农奴,他们胆怯地叫他"大人",惊恐地看着主人的一举一动。他们瘦弱、肮脏,身上充满马粪的味道,眼睛里满是畏惧。

俄罗斯绘画大师列宁在 1880 年初与托尔斯泰相识。其后，画家多次描绘了这位作家，包括正式形象，以及像《赤足的托尔斯泰》这样的非正式形象。

这并不是自己所要的东西，托尔斯泰很快意识到这一点，并开始构思一个伟大的、美好的计划。他要让这些农奴们摆脱贫困，他要给他们良好的教育，让他们过上富裕的生活，让他们不再作为低人一等的奴隶而存在。

说到做到，托尔斯泰开始在自己的农庄开办学校，设立医院，他将粮食和现金分给那些需要的人，取消对农奴体罚的制度，尽量平等地对待他们。然而，他的努力却没有换来成功，那些长期生活在暴力与压榨之下的农奴们无法理解这位"大人"的所作所为，他们也不敢接受这些新鲜的改变，他们用怀疑的眼神看着这位贵族年轻人所做的一切，然后用沉默抗拒着一切的改变。最后，托尔斯泰失望地发现，他的改革没有任何成效，那些农奴们依旧过着贫穷下贱的生活，而他所获得的，只有周围庄园主们的强烈抗议。

失败的托尔斯泰离开了自己的庄园，再次来到莫斯科。在这里，他开始反省自己曾经的改革，并大量阅读各种书籍，在长久的思考之后，他开始寻找到自己真正要走的道路，从此踏上写作的旅程。而这一次，他成功了，并将作为世界历史上最伟大的作家被人们铭记。

威廉·罗斯是直觉主义伦理学中重要的代表人物之一，他的伦理思想在很大程度上继承了同为直觉主义学派的摩尔及普里查德的伦理思想。但与摩尔的价值论直觉主义、普里查德的极端义务论不同的是，他的伦理思想被称为"温和的义务论直觉主义伦理学"，因为他力图完善普里查德的极端义务论，调和普里查德与摩尔理论之间的矛盾。

罗斯的伦理思想基本上是倾向于义务论，他提出一种多元性的规范伦理学理论，试图解决功利主义伦理学、康德等人的义务论伦理学无法解决的道德困境，这就是显见义务论。

罗斯认为，根据道德价值（分配的正义）对美好事物进行的分配，包含在将要予以扩大的善之中；虽然产生最大的善的原则是基本原则之一，但它只是一个必须依靠直觉和所有其他有效原则的要求取得平衡的原则。

48. 基督山的复仇
——罗素的道德情感论

他人即地狱。——萨特

1815年，因为老船长病重过世，年轻的埃德蒙·唐泰斯成了"埃及王"号远洋货船的代理船长。带船回到马赛港的埃德蒙此时可以说是志得意满，他成为正式的船长，回来后又可以和自己心爱的未婚妻结婚，然后一同前往巴黎。

可是，正处在幸福中的埃德蒙并不知道，自己身后有几双嫉妒而愤恨的眼睛：在船上当押运员的邓格拉斯嫉妒他接替老船长的位置，一心想将他拉下马来取而代之；朋友费尔南一直偷偷爱着他的未婚妻，对于他们即将成婚的事实难掩愤怒。终于，这两个心怀不轨的人勾结到一起，共同谋划了对付埃德蒙的诡计。

原来，老船长在病逝之前，曾委托埃德蒙将船秘密地开到一个小岛上去见被囚禁的拿破仑，当时埃德蒙还接受了拿破仑的委托，为他将一封密信带给拿破仑在巴黎的亲信。这件事被邓格拉斯知道，他和费尔南便写了一张告密条，送到检查局。偏偏审理这个案件的是代理检察官维尔福，他惊讶地发现，这封密信正是送给自己父亲的。得知自己父亲竟然与拿破仑有关的维尔福大惊失色，为了保住自己的性命和前程，他立刻下令逮捕埃德蒙，并宣判他为极度危险的政治犯，未经审讯便将他关入了孤岛上的死牢。

刚进入监狱的埃德蒙还抱着一丝希望，希望能够有检察官来审理自己的案子，还自己一个清白。然而，日子一天天过去，始终没有人来提审，也没有人来看望他。埃德蒙终于失望了，他想到自杀，但对未婚妻的思念却鼓励着他继续活下去。有一天，他忽然被挖掘的声音弄醒了，原来隔壁牢房的老神父打算挖掘地道出逃，却因为计算错误，挖到了埃德蒙的牢房。在长久的相处中，老神父渐渐信任上了这个忧郁痛苦的年轻人，并与他交往起来。

老神父是个聪明睿智的老者，听了埃德蒙的遭遇，便很快指出，埃德蒙是被邓格拉斯和费尔南他们陷害的。得知事情的真相，埃德蒙的情绪从低落转而愤怒，发誓要向对方复仇。老神父还告诉埃德蒙,自己被抓进牢里是因为自己知道一处巨大的宝藏所在地,却不肯将地点告诉别人。但他告诉了埃德蒙宝藏的所在地,就在一个叫做基督山的小岛上,希望埃德蒙有朝一日能够出狱取出宝藏享用。从此,埃德蒙开始跟着多才多艺的老神父学习,成为了一名博学多才的人,已非吴下阿蒙。

就这样,十四年的时间过去了。一天,老神父因为年老病重过世,埃德蒙突然意识到这是一个机会。他潜入老神父的房间,钻进盛着神父尸体的麻袋,让狱卒们将他当做老神父丢入了大海。在大海上漂泊的埃德蒙很快获救,因为有当船员的经历,他成为了船上的一员。不久,他便找到了基督山岛,取得巨大的宝藏,成为亿万富翁。

拥有财富和智慧的埃德蒙现在只有一个目的,那就是复仇。十多年的牢狱生活改变了他的面容,再也没有人能认出他就是当年年轻而带有稚气的埃德蒙,他改名为基督山伯爵,携带着令人瞠目的巨额财富,依靠着渊博的知识和高雅的仪态重新出现在众人的面前。此时,维尔福已经是巴黎法院检察官,邓格拉斯成了银行家,费尔南也已经是穆尔塞夫伯爵,还娶了埃德蒙深爱的未婚妻。

世界文学名著《基督山伯爵》的作者——"文坛火枪手"大仲马的漫画形象

在基督山伯爵的谋划下,费尔南之前出卖和杀害阿里总督的事情被揭发,弄得他名誉扫地,妻子和儿子也因为不齿于他的行为,放弃家产离开。费尔南硬着头皮去找基督山伯爵决斗,基督山伯爵在一番辛辣的讽刺之后说出了自己的身份,恐惧的费尔南在极度的害怕之下,开枪自杀。

而在邓格拉斯那里,基督山伯爵先是开了三个可以无限透支的账户,震慑了邓格拉斯,又发出假电报,诱使邓格拉斯出售债券,损失了大笔钱财。之后,他又诱骗邓格拉斯将女儿嫁给了一个伪装成亲王之子的逃犯,并使他在婚礼上被捕,令邓格拉斯声名尽丧。无奈的邓格拉斯只能携巨款逃跑,却被基督山伯爵安排的强盗抓住,以一百万法郎的高价向他出售食物,将他携带的财物全部榨光。最后基督山伯爵留给邓格拉斯五万法郎,放了他一条生路,但此时的邓格拉斯早已吓得头发全白。

面对第三个仇人维尔福,基督山伯爵将他和他的情人带到他们过去的居所,并点出了他们当年试图活埋两人私生子的事情。之后,他又故意帮助维尔福试图为自己的孩子争取遗产的后妻，使她毒死了自己丈夫前妻的父母和老仆人，只有维尔福和前妻的女儿因为是老船长儿子情人的缘故得到了基督山伯爵的庇护而幸免。维尔福以为自己的女儿被毒死，逼着妻子服毒身亡。而基督山伯爵又故意将邓格拉斯的逃犯女婿送到维尔福检察官手中，在审理中维尔福却发现，这个孩子正是自己的私生子。维尔福这才知道，自己落入了一个复仇之神的手中，他在众人面前承认了自己的罪行，然后发了疯。

完成了复仇的基督山伯爵，带着收养的阿里总督的女儿离开了巴黎，从此销声匿迹。

推动基督山伯爵复仇行为的，不只是仇恨，更是情感。而伦理学家罗素就认为，情感正是人性的基础。

在罗素的哲学观从实在论转变为主观唯心主义的过程中，他的伦理学也经历了从价值论上的客观主义转变为价值论上的主观主义，从直觉主义转变到情感主义的过程。

罗素的伦理学是建立在冲动说、愿望说和双重本性说基础之上的，他的伦理思想具有三个基本方面：人性基础、基本原则和价值理想。在伦理学上他坚持的是一种情感主义和主观价值论的观点，其基本原则就是情感。罗素对人的现实命运寄予了极大的关切，他的伦理学价值理想就是让世界充满爱。

小知识：

恩斯特·布洛赫（1885～1977）

德国哲学家。他哲学的核心范畴是"尚未"，就主观意识而言，"尚未意识"是一种向未来可能性开放的期盼意识。代表作是《论"尚未"范畴》。

49.希特勒的梦魇
——绝对情感主义

> 使一切非理性的东西服从于自己,自由地按照自己固有的规律去驾驭一切非理性的东西,这就是人的最终目的。——费希特

　　他是二十世纪最伟大的思想家、哲学家之一,不过在提到他的时候,人们更喜欢用另一个名称来介绍他——"希特勒的梦魇",他就是路德维希·维特根斯坦。据说正是这位犹太人的存在使得希特勒对犹太人痛恨不已,并展开了对犹太人的大肆屠杀。

　　1889 年 4 月 26 日,一名富有的贵族在维也纳生下了他的第八个儿子路德维希·维特根斯坦。而仅仅在六天之前,在莱茵河畔的边境城市布劳瑙一个贫民家庭,也有一个男孩出生,这个男孩就是希特勒。

　　与出身于贫民家庭的私生子希特勒相比,维特根斯坦无疑是含着金汤匙出生的,他的父亲是欧洲钢铁工业的巨头,奥匈帝国的首富之一,母亲则是一位银行家的女儿。这个富有的犹太家族对艺术有着天生的亲近感,赞助了不少的艺术家,著名的勃拉姆斯就是他们家族沙龙中的常客,因此维特根斯坦很早便受到了顶级艺术的熏陶。

　　而在这一点上,身份地位截然不同的希特勒与维特根斯坦却是相似的,他也是艺术的爱好者,热爱绘画,希望自己能够成为一名画家。同样在艺术上的兴趣可能正是导致这两个人在今后生活里碰撞的原因所在。

　　十四岁那年,维特根斯坦被父亲送到了林茨里尔学校读书,巧合的是,希特勒也同样在这所学校。这两个孩子在当时给学校里的其他人留下的印象都是孤僻,他们很少和同学往来。唯一不同的是,维特根斯坦是因为他不懂得如何与人相处,而希特勒则是出于他天生的骄傲本性。

　　在希特勒的自传《我的奋斗》中,他提到过学校中有一位"我们都不太信任的犹太学生","各种经历都使我们怀疑他的判断力",并说"一个告发同伴的男孩就是实

施了背叛",这个说法难免会让人想到不善于与人交往、脆弱而易怒的维特根斯坦。这个单纯的孩子是个希望能够袒露自己内心的人,也曾提到过自己关于忏悔的谈话。

有人推测,希特勒对犹太人那种深切的仇恨很大程度上来自于维特根斯坦。这位富家子天生优渥的家庭环境让希特勒有着本能的抗拒,而且,两人的爱好非常相似,喜欢绘画、歌剧、建筑,连吹口哨的爱好都一样。

据当时人记载,维特根斯坦非常喜欢纠正别人吹口哨时的走音,而希特勒恰恰是一个非常不能容忍别人指出自己的缺点的人;此外,希特勒喜欢绘画,而维特根斯坦则是在挂满阿尔特画作的家中长大的。这不难让人联想到,他们两个很可能会因此而产生矛盾,使得希特勒对维特根斯坦怀恨在心。

但有趣的是,希特勒对于维特根斯坦的嫉恨也许同样遭到了维特根斯坦的报复。这位哲学

战争狂人阿道夫·希特勒双手沾满了犹太人的鲜血,但在德意志的孩子面前却以一位慈祥长者的面目出现,这两种截然不同的形象集中表现了人性复杂的一面。

家被称为斯大林分子,有人还认为他是苏联的特务,而共产国际正是唯一主张武装抵抗希特勒的国际组织。如果维特根斯坦真的将许多重要情报传递给苏联,帮助他们在对抗法西斯的战斗中取胜的话,那么他真的可以被称作"希特勒的梦魇"了。

和罗素同为情感主义伦理学的开路人,维特根斯坦也是情感主义伦理学的代表人物之一。

和其他的情感主义者一样,维特根斯坦也试图从主体的本性欲望及情感中寻找一种根据。他坚持将事实真理与价值观念严格区别开来,认为道德规范、价值判断和伦理概念等命题不是知识的表达和意义的描述,而是一些存在于有限世界彼岸的,无法用经验事实证明其真假的无意义的形而上学命题。

所有道德规范、价值判断和伦理概念就其本性是道德与价值而言,都不具有真理的价值,而仅仅是偏爱、态度和情感的外溢和经过乔装打扮的命令句、祈使句等。正因为没有合理的方法来确保道德判断的一致性,所以任何追求客观的非个人道德标准的企图都无法得到有效的合理辩护。

50. 分离派会馆
——维也纳学派

> 凡是现实的就是合理的,凡是合理的就是现实的。——黑格尔

在建筑学上,分离派会馆是一个无法被忽视的代表,而对它所在的奥地利来说,它也是这个以盛产音乐闻名于世的国度的一个特殊标志。

1897 年,以画家克里姆特和建筑师瓦格纳的学生奥布里希、霍夫曼等人为首的十九位青年艺术家,宣称要与传统的美学观决裂,抛弃正统的学院派艺术,开创属于自己的艺术天地。他们打着"为时代的艺术——艺术应得的自由"的旗号,离开了严格、保守的维也纳学院派。因为是从维也纳学派中分离出来的,所以他们自称为分离派。

分离派的艺术家们虽然都同样反对学院派的旧艺术形式,但他们却没有一个明确统一的纲领。艺术风格多种多样,涵盖了建筑、美术、服装、瓷器等多个领域,其中最有代表性的,就是陈列他们艺术品的展馆——分离派会馆。

分离派展览馆是约瑟夫·奥布里希在 1897 年设计建造的,整座建筑完全遵照了瓦格纳的建筑观念——整洁的墙面,水平的线条和平屋顶。分离派会馆在设计上大量运用了对比的手法,矩形的大与小对比,方与圆对比,明与暗对比,石材与金属对比等。而

维也纳分离派会馆

最著名的，就是会馆顶部那个巨大的金属镂空球，这个球体由约三千片的金色月桂叶组成，象征着蓬勃生机，也被人戏称为"镶金的大白菜头"。会馆的外墙上有着众多的雕刻装饰，里面雕有三只猫头鹰，在西方人眼中，它是智慧的象征，此外还有蛇发女妖美杜莎的头像，是威严的守护者的象征，入口处刻有他们的口号"为时代的艺术——艺术应得的自由"。

分离派会馆刚一建成，立刻引起轰动，并成为分离派的标志，直到今天，它还是当年分离派理念的最好表现。

分离派实际上就是在奥地利新文化运动的影响下，从维也纳学派中分离出来的一支，它的理念实际上或多或少还是受到维也纳学派的影响。

维也纳学派是二十世纪影响最广泛、持续最长久的哲学流派之一，它代表了自然科学对哲学的挑战，坚持逻辑经验主义或者说是逻辑实证主义，因此也有人把它的哲学称为"实证主义"。它代表了新实证主义的起源。

维也纳学派是坚定的反传统形而上学的派系，他们认为传统形而上学是无意义的堆砌，并提出了一种新的检验句子的证实原则。"证实原则应该是一项标准，可以用来确定一个句子是否确定有意义。用一个简单的形式来表述证实原则就是：一个句子是否有意义，仅当它表达的命题要么是分析，要么是经验上可证实的。"

现在，维也纳学派的唯科学主义观点已经成为现代哲学中不可缺少的一部分，但因为他们只重视"科学的逻辑"，却忽视了科学赖以产生和发展的人文背景与人的创造精神。

小知识：

法拉比（874～950）

中世纪钦察康里著名哲学家、自然科学家、音乐理论家，亚里士多德学派的主要代表之一。他受亚里士多德和新柏拉图主义思想影响，吸收了苏菲派自然泛神论的成分，并与自然科学的成果相结合，力图调和理性与信仰，并用哲学论证宗教信条，使哲学突破伊斯兰教义的禁锢而得到独立发展。

51.尾生抱柱
——卡尔纳普的极端情感论

凡是活着的就应当活下去。——费尔巴哈

《庄子·盗跖》以寥寥数语记载了这样一个故事:"尾生与女子期于梁下,女子不来,水至不去,抱梁柱而死。"故事说的是一个叫尾生的人,与自己的心上人相约在桥下相见,谁知约定的时间到了,女子却一直没有来。尾生没有离开,仍是继续等待。后来下起大雨,河水暴涨,尾生却不肯离开,抱着桥柱继续等待,终于河水不断暴涨,最终淹没了尾生。

之后,"尾生抱柱"便成为了一个成语,寓意坚守信约、忠贞不渝。而尾生的行为,也为后来人所歌颂,无数的文人墨客都以尾生之信作为信用的最高代表。然而以今天的眼光来看,尾生的行为虽坚定,却太过极端,难免令人有迂腐愚蠢之感。

美国哲学家卡尔纳普是逻辑实证主义的代表人物,也是极端情感主义伦理学的主张者。他区分了语言的两种作用:一是陈述(事实)的作用,二是表达(情感)的作用。形而上学命题并未陈述出事实,但它却可以表达人们的情感倾向,尤其是某种永恒的情感和意志倾向。

为了论证伦理学理论研究的非科学性,卡尔纳普提出,从伦理学的规范性特征来看,它不可能表述任何可以证明的经验事实,而只能表达个人的情感、愿望和心理,这样从对语言功能的具体分析中就否定了伦理学作为科学知识的可能性。卡尔纳普还认为,许多语言只有一种表达的作用而没有表述的作用,而具有表达功能的语言只能抒发情感、表达意愿,没有断定的意义,因此这种语言表达"不含有知识",伦理学命题只有表达的功能而没有描述的功能,因而不能被当作知识。

卡尔纳普主张科学命题的意义在于能够还原为中立的观察经验,而哲学的意义就在于对科学语言进行逻辑分析,一切形而上学都是无意义的,所有形而上学命题都是伪命题。

52. 欧也妮·葛朗台
——史蒂文森的温和情感论

> 万物的和平在于秩序的平衡,秩序就是把平等和不平等的事物安排在各自适当的位置上。——奥古斯丁

　　葛朗台是法国索漠城中有钱的商人,起初他只是一个箍桶匠,但依靠着精明狡猾的头脑,能写会算的本事,他总是能用他非凡的才能弄晕自己的对手,让对方钻进自己的圈套,所以他的投机生意总是能够成功。四十岁时,葛朗台娶了木板商的女儿为妻,获得大笔的遗产,后来他又买下当地最好的葡萄园,向革命军提供葡萄酒,狠狠赚了一笔。最终,葛朗台由一个只有两千法郎的商人变为拥有一千七百万法郎的大富翁。

　　然而,越来越多的财富却没有改变葛朗台的吝啬与爱财,他的锱铢必较闻名全城。在家中,他不允许自己的妻女多花一分钱,为了省钱,全家人的衣服都由他的妻女自己缝制。从每天的伙食到一颗糖、一根蜡烛的使用,都由葛朗台决定,多花掉一分钱都会令他心痛不已。

　　经常出入葛朗台家门的客人有两家人:公证人克罗旭一家和银行家台·格拉桑一家。因为知道葛朗台家的富有,这两家人到来的目的都只有一个,那就是让自己的儿子顺利娶到能继承葛朗台大笔遗产的女儿——欧也妮·葛朗台。欧也妮今年已经 23 岁了,但葛朗台却从来没有考虑过她的婚事,只是利用她作为诱饵,从两家人中获取好处。

　　不久,葛朗台在巴黎的弟弟因为破产而自杀,在自杀前打发自己的儿子查理来投奔伯父。查理是个英俊的花花公子,不学无术却精通玩乐。欧也妮第一次见到如此英俊的人,不由得对自己的堂弟动了心。然而,葛朗台却不愿背上这个包袱,他让查理签了一份放弃父亲遗产继承权的声明书,将他打发到印度去。欧也妮看到查理给朋友的信件,一心帮助自己的心上人,便将自己所有的私储赠送给查理作

为盘缠,而查理也回赠她一个他母亲留下的镶金首饰作为定情信物,启程去了印度。

惯于把玩女儿积蓄的葛朗台发现女儿存下的钱不翼而飞,当得知她将钱送给了查理,不由得大为恼怒,将女儿反锁在房中,任谁求情也不答应。这个举动将他可怜的妻子吓病了,后来当公证人告诉他如果他的妻子过世,欧也妮也可以以女儿的身份继承母亲的遗产,葛朗台这才将女儿放了出来。

一天,葛朗台发现欧也妮母女正在把玩查理送的首饰盒,当看到首饰盒上的金子时,他立刻要拿起刀将金子挖下来。欧也妮为了阻止父亲的行为,声称如果父亲要动首饰盒,她便自杀。父女的争执吓昏了葛朗台太太,虽然葛朗台终于住了手,但自此之后葛朗台太太的身体状况就再也没有好转。

后来,葛朗台太太过世了,葛朗台让女儿签署了一份放弃母亲遗产的声明,将所有家产抓在手里。又过去了五年,葛朗台已经垂垂老矣,因为疾病他不得不把家产全都交给女儿看管。尽管难以动弹,他还是喜欢看着自己的财富,或是指挥女儿将钱一一放好,就连临死前他做的最后一件事,还是试图抓住神父手中镀金的十字架。

葛朗台死后,欧也妮成为富有的单身女人,她一直盼望着查理归来。她不知道的是,在印度的查理依靠着贩卖人口和放高利贷等行为已经发了财,如今已经变得心狠手辣,早就把欧也妮忘在了脑后。对他来说,欧也妮只是一个普通的乡下姑娘,可是他万万没有想到吝啬的葛朗台会有如此多的财产。为了高攀贵族,他娶了一位丑陋的侯爵小姐为妻。之后查理写信给欧也妮,寄还六千法郎的赠款,还外带两千法郎的利息,表示与欧也妮一刀两断。

痛苦的欧也妮无法接受这样的事实,选择嫁给公证人的儿子——德·篷风。她答应将钱给自己的丈夫,但要求只做形式上的夫妻。几年后,凭借财富刚刚当上议员的德·篷风不幸死了。后来,欧也妮偿还叔父的债务,让堂弟过上了正常的生活,而她自己则安静地独居,过着简单而虔诚的生活。

史蒂文森是情感主义伦理学最重要的代表人物,也是情感主义理论的集大成者。他不同意"拒斥规范伦理学"的极端提法,认为规范问题构成伦理学最重要的分支,渗透于一切生活常识之中,元伦理学和规范伦理学不是对立的,而是相辅相成的。

史蒂文森认为,语言在日常生活中主要有两种用法:一是描述性的,主要用来记录、澄清或交流信息;二是能动的用法,其目的在于发泄情感、产生情绪。道德语言的主要功能就是情感性功能，道德概念的主要意义是情感性意义，所以，当我们用这些术语、概念构成某种道德判断时，就绝不是仅仅在用它们来表达事物的现象或其本质性规定，而主要是运用它们来表达我们的情感和态度。

此外，道德判断的主要用途不是指出事实，而是创造影响。道德判断不仅具有表达判断者的情感的功能，而且能够引起并改变判断者的情感和态度。也就是说，可以透过判断来影响他人的道德态度与情感，使之改变或增强。

小知识：

玛丽·沃斯通克拉夫特（1759～1797）

十八世纪的英国作家、哲学家和女权主义者。她认为女性并非天生地低贱于男性，只有当她们缺乏足够的教育时才会显露出这一点，男性和女性都应被视为有理性的生命，她还设想建立基于理性之上的社会秩序。

53.元伦理学的终结
——黑尔的"普遍规定主义"

> 一开始,问题就是要把纯粹而缄默的体验带入到其意义的纯粹表达之中。——胡塞尔

20 世纪 50 年代,距离摩尔发表《伦理学原理》已经五十多年了,由摩尔开创的元伦理学理论已经经历了数次变革。最早是以摩尔为先驱的"直觉主义",其又可以分为"价值论直觉主义"和"义务论直觉主义"。

30 年代,"维也纳学派"和维特根斯坦等人的研究成果,使元伦理学由较为简单的日常语言分析转向科学逻辑语言的研究层次,随之产生了伦理学的"情感主义"。

然而,因为维特根斯坦等人认为"伦理学只是情感的表达,而不是科学事实的陈述",之后的史蒂文森又将这种道德情感论推向极致,导致伦理学作为一门真正科学的根基动摇。为了对抗这种观念,一批伦理学家站了出来,他们一方面加强对伦理学语言本身的逻辑研究,试图以具体的逻辑证明维护伦理学的科学性,以反对情感论者否认伦理学科学地位的观点,同时又藉助于一些新规范伦理学理论来改造和完善道德语言学的分析范式,使之保持其科学性和实践性的基本特性。这批伦理学家是图尔敏、乌姆逊、诺维尔·史密斯等人,而其中最重要的代表人物,则是理查德·麦尔文·黑尔。

黑尔常年任教于英国牛津大学哲学系著名的"怀特"道德哲学讲座,后又在美国佛罗里达州立大学哲学系担任客座教授。他最重要的著作就是在 33 岁那年写成的《道德语言》,在这本书中表达了他最重要的伦理学观念,从"祈使语气"到两种不同层次的道德判断——"善"和"应当"。

在这本书中可以发现,黑尔吸收不少过去哲学家的思想,开篇第一句他就引用了亚里士多德的名言:"德行是一种支配我们选择的气质。"并在书中多次提到亚里士多德的名字。而按照黑尔自己的说法,他一方面是康德信徒,另一方面又继承边

沁以来的功利主义思想,所以他把自己的伦理判断准则称为"普遍的规定主义",因为他心目中的道德准则既是普遍的,又是规定性的;既是康德的,又是边沁的;既是超越人性的,又是遵循人性的。

黑尔的观念为从道德语言和逻辑的角度来追求道德的客观性提出一种特别的方案,所以有人认为,在元伦理学的出台就是为了克服道德相对主义的意义上来说,黑尔终结了元伦理学,使得元伦理学实现向实践的转向。

黑尔最著名的学说是"普遍规定主义"。他赞成道德判断的合理的客观性而反对情感主义。他否认情感主义的基本前提——道德判断只是情感表达的形式。黑尔认为,道德判断既是普遍的命令,也是纯粹的赞扬。

他认为,道德语言至少在典型用法中是规定性的,并且也是可普遍化的。而规定性和可普遍化正是道德语言的两个基本逻辑属性。

道德语言的规定性意味着在典型用法中它被用来指导人们的行为。

道德语言的可普遍化可解释如下:我们不能对那些我们承认在普遍的描述性特征方面相同的情形合乎逻辑地做不同的道德判断。这意味着道德语言的可普遍化依赖于"相似性"概念。

此外他还认为,运用其包括可普遍化和规定性的逻辑规则、事实、偏好和想象的四重道德论证法,是可以解决具体的实质性的道德问题的。

小知识:

李贽(1527～1602)

初姓林,名载贽,后改姓李,名贽,字宏甫,号卓吾,又号温陵居士,为明朝泰州学派的一代宗师。他自幼倔强,善于独立思考,不受程朱理学传统观念束缚,具有强烈的反传统理念。他在社会价值导向方面,批判重农抑商,扬商贾功绩,倡导功利价值。

54. 郑人买履
——规范伦理学

> 思就是在的思……思是在的,因为思由在发生,属于在。同时,思是在的,因为思属于在,听从在。——海德格尔

在《韩非子·外储说左上》中记载了这样一个故事:春秋时期,有个郑国人想要买一双新鞋,他在家中用芦苇棍量好自己脚的尺码,按照大小折下一段,打算带着芦苇棍上街去买鞋。谁知临出门的时候却随手将芦苇棍放在桌子上,忘记带走。

到了鞋店,各式各样、各种尺码的鞋应有尽有,他精挑细选看了很久,挑选到了自己想要的鞋,却发现自己把准备好的尺码忘在家中。于是他立刻放下鞋,赶紧回家找到遗忘在家的芦苇棍。可是等他拿着尺码赶到鞋店的时候,鞋店已经关门,他也只能悻悻而归。

韩非子的著作,是他逝世后,后人辑集而成的。

旁人知道他没有买到鞋,便问他:"你是给自己买鞋还是帮别人买鞋呢?"他告诉对方:"是给自己买鞋。"对方很奇怪地问:"既然是给自己买鞋,为什么你不直接用脚试,而非要回家拿尺码呢?"这个人理直气壮地说:"我只相信我量好的尺码,不信任我的脚!"

郑人用规矩将自己限定起来,而规范伦理学与它一样固执。

在20世纪元伦理学出现之前,规范伦理学一直是西方伦理学的基本理论形式,通常与元伦理学相对。

简单来说,规范伦理学就是关于义务和价值合理性问题的一种哲学研究。它关注的中心是实质性的道德问题,而不是道德概念或道德方法,它试图说明人本身应遵从何种道德标准,才能使我们的行为做到道德上的善。它的基本目标在于确

定道德原则是什么,以及这些原则指导所有的道德行为者去确立道德上对的行为并提供解决现存的伦理分歧的方法。

　　规范伦理学通常被区分为两个不同的部分:一般规范伦理学和应用规范伦理学。前者研究人类行为的合理性原则,主要是对诸如何种性质为善、何种选择为正确、何种行为应受谴责等最一般的问题进行批判性研究。后者研究具体的道德问题,试图用关于道德的一般原则来说明面对具体道德问题时所应采取的正确立场。

　　从伦理学家对道德本质所持的目的来看,规范伦理学又被区分为目的论伦理学和非目的论伦理学。前者坚持一种行为是否道德,受该行为的结果决定,因此目的论伦理学又称为结果论伦理学。后者则坚持一种行为是否道德,受其结果以外的东西决定,所以非目的论伦理学又称为非结果论伦理学。

小知识:

阿尔文·卡尔·普兰丁格(1932~)

　　美国当代著名的基督教哲学家。他运用分析哲学的方法为基督教信仰辩护,认为对上帝的信念与对他人心灵的信念处于相同的认知地位,即如果他人心灵可以合理地被接受,则对上帝的信念亦可合理地被接受。著作有《上帝与他心》、《必然性的本性》等。

55. 晋商的诚信观
——理性利己主义

世界是事实的总和，而非事物的总和。——维特根斯坦

在中国的商业大军中，晋商是一支无法被忽视的力量。

晋商的生意遍布各行各业，但其中最知名的却是票号。所谓票号，其实就是现在的银行，而银行要发展，所依赖的不外乎巨大的资金和民众信任度，追根究底，巨大的资金来源也是民众。在当时，因为缺乏现代化的法律法规，一个票号的银票能否得到公众的承认，依靠的就是这个票号一贯的信誉度。正所谓："善贾者，处财货之场，而修高明之行。"诚信，正是追求利益、获得财富的必不可少的方法之一。

1900 年，八国联军攻占北京，京城的王公贵族和老百姓多半跟着慈禧太后、光绪皇帝仓惶西逃，来到山西。因为来不及收拾银子、细软，所以大部分的人都只带走山西票号的存折，到了山西，不少人便来到票号兑换银两。当时，北京的分号也在战乱中被破坏，银库被洗劫一空，账簿也已经被烧毁了，这些人的账已经无处可查对。本来山西的票号可以向这些人说明原委，等待账目清查完毕后再行支付。再加上因为战乱，票号的损失也极大，一时间难以应付如此大量的金额。但当时以日升昌为首的山西票号却决定，只要储户能够拿出票号的存折，不管数额多少，一律立刻兑现，绝不推诿，并千方百计拿出大量的银两满足储户的要求。这件事之后，山西票号声名远播，以诚信之名享誉全国。

后来局势稳定，慈禧太后重回京城，老百姓们纷纷将自己多年辛苦积攒下的银两存入

晋商的帐折子

山西票号,就算以前不信任票号的人也由此改变了印象,把钱存入山西票号,清政府也将大笔的官银交由山西票号汇兑。至此,山西票号遍布全国,一时之盛,无人能及。

山西乔家大院是清朝著名的晋商乔致庸的宅第

晋商无疑是理性利己主义的代表。理性利己主义,也叫"规范利己主义"或"伦理利己主义",它是一种认为对自己的某种欲望的满足应是自我行动的必要且充分条件的伦理观点。

利己主义和利他主义是相对的,利他主义主张道德的基础必须是我们帮助他人的欲望,而利己主义则认为,利他主义或对一般道德秩序的遵守乃是伪装的对自我利益的追求,因为这样才能创造一个能够保护自身和自身长期利益的稳定社会。

理性利己主义将自我放在道德生活的中心,认为人们会自然地做不公正的事,并拒绝基本的道德原则,一个有理性的人的行为是为了最大限度地达到自我的满足。它将道德看成是外在的束缚,而不是我们道德人格的内在特征。理性利己主义也相信人们会合作行动,只要这一行为能够促进长期的自我利益。

小知识:

惠施(公元前 390 年~公元前 317 年)

宋国(今河南商丘市)人,战国时政治家、雄辩家、哲学家,名家的代表人物。他的著作已经失传,只有一些言谈保存在《庄子》中。其哲学思想有"历物十事",主要是对自然界的分析,其中有些含有辩证的因素。

56.巨人的花园
——心理利己主义

物体的意义是透过它被己身看到的方向而确定的。——梅洛·庞蒂

每天下午放学后,孩子们都喜欢跑到巨人的花园里去玩耍。

巨人的花园是整个城市里最美的花园,里面长满了青葱的绿草,开满了美丽的鲜花。草地上还长着十二棵桃树,春天会开出美丽的粉色花朵,到了秋天则会结出沉甸甸的果实,鸟儿们也停在枝头唱歌。每当孩子们听到鸟儿们的歌唱,便会停下来仔细聆听,并高声唱着叫着,表达着自己的快乐。

然而有一天,巨人回家了。原来他到自己的朋友家去做客,一去就去了七年。回家后的巨人发现自己的花园里这么多的孩子,非常生气,大吼大叫地将孩子们都赶走了。这个自私的巨人想,我的花园只能是我一个人的,于是他在自己的花园周围竖起高高的围墙,并立起一块"私家花园,禁止入内"的告示。

孩子们从此失去了玩耍的地方,只能在充满尘土的街道上游荡。他们放学后仍然常常聚集在巨人的花园外,在高高的围墙下回味着过去在花园里玩耍时开心的日子。

又一个春天到来了,城市里到处开出小花,鸟儿们也开始歌唱,只有自私巨人的花园里,因为没有孩子们的到来,小鸟们都无心歌唱,连树也忘记了开花。春天已经忘记这里,雪和霜便得意地占据这座花园,所有的树木和草地都被白色的银霜覆盖,冰雹不停地下着,连屋顶的瓦片都被打了下来。北风一天到晚都在呼啸,将寒冷带给整座城堡。

巨人坐在冰冷的城堡里瑟瑟发抖,他喃喃自语:"我真弄不懂为什么春天还不来。"然而,不仅春天没有到来,夏天和秋天也不再拜访他的花园,花园里从此一年四季都是冬天,充满着冰冷和寒意。

一天清晨,睡梦中的巨人忽然听到了美妙的音乐,原来是一只小红雀的歌声。醒来的巨人发现一切都不同了,他听不到北风的呼啸,却闻到花儿的清香——春天

来了。激动的巨人冲到窗前，发现原来孩子们透过围墙上的小洞爬了进来，每棵树上都坐着一个孩子。树木开出美丽的花朵，连鸟儿也开始欣喜歌唱，整个花园里都在迎接春天的到来。巨人忽然发现，在花园最远的一个角落还被严冬覆盖着，原来那个孩子太小了，他还无法爬上树去。

巨人被眼前的一幕打动了，他说："我真是太自私了。现在我知道为什么春天不肯到我这里来。我要帮助那个可怜的孩子爬上树去。"于是巨人悄悄地走下楼，向那孩子走去。

其他的孩子们看到巨人，都吓得跑了，但那个小孩子因为眼中充满泪水，没有看到巨人。巨人走到小孩子的身边，将他轻轻托到树上，树儿立刻开满繁花，鸟儿也飞来歌唱，孩子开心地亲吻着巨人的脸。见到巨人不再凶恶，其他的孩子们也纷纷跑了回来，春天也再次跟着孩子们回到花园。巨人提起斧头，将围墙拆掉，他告诉孩子们，花园是他们的了。从此，每天下午放学后孩子们都会来到花园里和巨人玩耍，可是巨人再也找不到他最喜欢的那个小孩子了。

许多年过去了，巨人变得年迈体弱，只能坐在椅子上看着孩子们嬉戏。冬天的一个早晨，起床后的巨人忽然发现花园尽头的一棵树上开满了白花，树下站着他思念已久的那个小孩子。

巨人向孩子跑去，却发现那孩子的手上和脚上都有钉痕，巨人愤怒地表示他要为孩子报仇，但那孩子告诉他，这都是爱的烙印。巨人知道他并非常人，心中生出敬畏之情，跪下问他是谁。孩子微笑着对巨人说："你让我在你的花园里玩过一次，今天我要带你去我的花园，那就是天堂。"

下午，当孩子们跑进花园的时候，他们发现巨人静静地躺在树下，浑身都盖着白花。

心理利己主义是一种关于人的性情与动机的心理理论，而不是关于这些动机和它们的行为后果的道德德行的伦理观点。心理利己主义认为，所有人类的行为都是基于自私的欲望，人出于本性追求他们认为是自我利益的东西，故在本性上是利己的。有时候人们可能会牺牲他们直接明显的自我利益，但这样做的目的却是为了长期的自我利益目标的实现。

支持心理利己主义的论证有：个人所有权论证，认为人的任何行为都是由自身的动机、欲望所引发的；享乐主义者论证，认为人在满足自身的欲望时会感到快乐，因此人类的行为都是在追求快乐，追求其他的东西只是一个手段；自我欺骗的论证，认为人类常常自我欺骗，以为自己所追求的都是好的，但实际上需要的是被他人称赞，所以当我们认为自己的动机是无私的时候，很可能只是在自我欺骗。

57.夜莺与玫瑰
——伦理利己主义

> 我不能给自己或是别人提供那种日常生活中一般的快乐。这种快乐对我来说毫无意义,我也不能围绕它来安排自己的生活。——福柯

一个年轻的学生在自己的花园里叹息,因为他的心上人说,只要他能够送给她一朵红玫瑰,少女就愿意与他跳舞。但他找遍自己的花园,却找不到一朵红玫瑰。

这时,树上的夜莺听到学生的叹息,它探出头,看到这英俊的年轻人因为爱情而沮丧的面孔,觉得自己终于见到了真正的恋人。学生的忧伤感染了夜莺,它决定去为他寻找到红色的玫瑰。

夜莺飞出花园,在一块草地的中央找到一株美丽的玫瑰树。夜莺请求玫瑰树给它一朵红玫瑰,并答应为玫瑰树唱出最甜美的歌。但玫瑰树告诉它,自己的玫瑰

是白色的,并让夜莺去找长在古晷器旁的兄弟帮忙。

夜莺飞到古晷器旁,找到了白玫瑰树的兄弟。夜莺请求它给自己一朵红玫瑰,并答应为玫瑰树唱出最甜美的歌。可是这株玫瑰树告诉它,自己只有黄色的玫瑰,让夜莺去找长在学生窗下的兄弟帮忙。

夜莺飞回了花园,找到了长在学生窗下的玫瑰树。这株玫瑰树告诉它,自己的玫瑰确实是红色的,但现在已经是冬天了,今年它已经开不出玫瑰了。夜莺不死心,向玫瑰树问怎么样才能开出红色的玫瑰来,红玫瑰树告诉它,有一个可怕的办法可以让它立刻开出花来,那就是在月光下用音乐制造出

来，但要用夜莺胸中的鲜血来染红它。

夜莺大声说道："拿死亡来换一朵玫瑰，这代价实在很高，可是爱情胜过生命。"当月亮升上天空的时候，它用自己的胸膛顶住了玫瑰树的花刺，开始歌唱起来。它唱了整整一夜，连冰凉的月亮也不禁俯身下来倾听，而夜莺身上的血也快要流光了。

当夜莺开始唱起爱情的时候，玫瑰树最高的枝头上开出了一朵白色的玫瑰。夜莺将刺更深地扎进自己的胸膛，鲜血顺着花刺流到玫瑰上，玫瑰渐渐泛起红晕。夜莺仍旧在歌唱，歌唱着由死亡完成的爱情。当夜莺将花刺深深刺进自己的心脏时，玫瑰花也变成了深红色，那是红宝石般的红。终于，玫瑰长成了，但夜莺已经躺在草丛中死去了。

打开窗子的学生一眼就看到了那朵红色的玫瑰，他立刻摘下玫瑰，向心爱的少女家跑去，希望少女履行诺言，和自己跳舞。可是少女却说，宫廷大臣的儿子已经送给了她珍贵的珠宝，这些珠宝可比玫瑰值钱得多。

愤怒的学生感叹说，爱情是多么愚蠢而不实际的东西，他还是应该回到自己的书房学习逻辑才是。他将玫瑰扔到了大街上，玫瑰落入阴沟。

如果说心理利己主义是"确信人们事实上（in fact）只追求自己的利益"，那么伦理利己主义则是认为"每个人都应该（ought）仅仅追求自己的利益"。也就是说，前者相信人是自私的，但后者则认为人应该自私。所以说起来，学生的行为并无不当之处。

伦理利己主义是一种关注自身利益的道德理论，它认为人只应该追求自身利益，除非事情会对自身有利，否则就没有任何道德理由去做这件事。在伦理利己主义看来，遵守道德规范，是实现自己个人利益的手段。就比如商店的员工会对顾客彬彬有礼，但实际上则是为了从顾客那里获利。

伦理利己主义可分为三种类型：普遍的伦理利己主义、唯我的伦理利己主义、个人的伦理利己主义。

小知识：

阿那克西米尼（约公元前 588 或 585 年～公元前 526 或 525 年）

古希腊米利都学派哲学家。他认为"气"是万物的本源，是具有定质的一种物质。他对于毕达哥拉斯以及后来许多的思想都有重要的影响。

58.爱斯基摩人杀女婴
——行动功利主义

早年的探险者在发现爱斯基摩人之后,很快发现在这一族群中有个遭人诟病的风俗:他们经常会杀死刚刚出生的婴儿,而基本上被杀的都是女婴。探险者克努德·拉斯马森就曾经记载过他亲眼目睹的事实,一个爱斯基摩母亲已经生育了二十个孩子,但她杀死了其中的十个,而且大部分是女孩子。这种风俗在我们看来实在可怕,但对爱斯基摩人来说是不必承担任何责备或者惩罚的,因为对爱斯基摩人来说,这样的选择实在是无可奈何的。

众所周知,爱斯基摩人生活在冰天雪地之地,觅食艰难,能够维持基本的生活已经是很不容易的事情。在这样主要依靠打猎为生的社会,身为猎人的男性才是重要的食物提供者,而女性在这方面则相对柔弱,所以如果女性太多,那么就很难保证有充足的食物维持基本的生活。

此外,身为猎人的男性每天面对的都是高风险的打猎生活,极易造成伤亡,因此成年男性过早死亡的数量是远远超过女性的。如果男性与女性的出生率和存活率差不多的话,那么到了成年期的时候,因为成年男性的伤亡,则成年女性人口会大大超

"纪录片之父"弗拉哈迪第一次把游移的镜头从风俗猎奇转为长期跟踪一个爱斯基摩人的家庭,表现他们的尊严与智慧,关注人物的情感和命运,并且尊重其文化传统。

过成年男性的数量。女性数量的过多以及男性数量的减少都会导致食物的匮乏，并进一步导致人口的减少，使得他们不得不将部分女婴杀死，以维持种族的生存。

曾经有人在研究爱斯基摩人的杀婴习惯后得出结论：如果不杀女婴的话，那么在一个普通的爱斯基摩人的聚居群里，如果男女的出生率和存活率是相同的，成年之后的女性会是男性的1.5倍。长期这样下去，将会造成男女比例极不平衡。而除了杀死女婴之外，在爱斯基摩人的社会里，如果老人因为年老变得虚弱而无法工作的话，他们就会被丢弃到雪地里等待死亡，这也是被默许的正常行为。

所以，来自一般社会的人会觉得在爱斯基摩人的社会里，人命是一件被忽视的东西，他们没有一点对生命的尊重。但如果从爱斯基摩人的角度来看，这种行为只是他们为了在特殊的生存环境下维持生命的必要方法之一。这是他们的价值观，也是生活强加于他们身上的选择，我们不需要做这样的选择，但我们也应该选择去尊重爱斯基摩人的习俗。

行动功利主义是功利主义的一个分支，和功利主义一样，它的目标也是利益的最大化。而不同的地方是，行动功利主义认为我们应该判断每一个具体行动是否能带来最大化利益。

行动功利主义认为，功利原则在任何情况下都是衡量行为善恶的直接标准，因而主张在任何情况下，都应该直接以功利原则判断行为是否正当，亦即直接根据行为的增减利益总量来判断行为是否正当。

行动功利主义认为，如果破坏或是违反一个道德准则可以带来数量更大、范围更广的功用的话，那这样的道德违反是可以允许的。因为它的主张往往违背日常准则而导致对社会基本行为秩序的破坏，所以行动功利主义和规则功利主义之间往往存在着冲突和矛盾。

澳大利亚著名哲学家J·J·C·斯马特是行动功利主义的代表人物。

小知识：

奎因（1908～2000）

美国哲学家、逻辑学家，逻辑实用主义的代表。他强调系统的、结构式的哲学分析，主张把一般哲学问题置于一个系统的语言框架内进行研究。著作有《从逻辑的观点看》、《逻辑哲学》等。

59.伤仲永
——否定性功利主义

> 任何一种哲学思想只要是它能够自圆其说，它就具有某种真正的知识。——罗素

在宋朝大文豪王安石的《临川先生文集》中，有这样一个小故事：

金溪有一个世代从事农耕的方姓家庭，家中生下一个小男孩，取名方仲永。方仲永生长到 5 岁，家中也从未想过要让他读书识字，因此他从未见过书本、文具。

中国北宋时期的名臣王安石像

有一天，方仲永忽然啼哭着向父亲要纸、笔、砚、墨，父亲大为惊讶，便向邻居借来书本、纸笔给他。拿到这些文具之后，方仲永立刻写下了四句诗，并题上自己的名字，诗中表达要赡养父母与宗族和谐相处的意思。

父亲惊奇不已，便将方仲永的诗拿给乡里的秀才看，秀才认为文理可观，颇为出色。之后人们随意指出一物让方仲永作诗，他都能立刻写就，而且表达清晰，文辞颇佳。本地人都视之为神童，对他的父亲也客气了起来，经常有人邀请他父亲做客，或者出钱请方仲永作诗。方仲永的父亲见到这样的情景，觉得有利可图，便每天带着方仲永拜访邻里，却不让他去上学读书。

王安石本人也很早就听说方仲永这个神童的故事。后来他送父亲的灵柩回到老家，在舅舅家见到了方仲永，此时的方仲永

已经有十二三岁了,王安石让他作诗,写成的诗却平平无奇,完全不像之前传言中的出色。又过了七年,王安石自扬州返家,到了舅舅家,又问起方仲永的情况,舅舅告诉他,方仲永早已"泯然众人",与常人没有什么不同了。

后来王安石便在他的记载中感叹道,方仲永的聪慧是天生的,他的天资高于一般有才能的人很多,但最后他却成为才智平庸之人,就是因为他在后天没有受到良好的教育。就算是这样先天聪颖之人,如果没有后天的学习,也会成为一般人;那么那些天资并不特殊的一般人,如果也不接受后天的教育,那恐怕想做一般人也不行了。

波普尔是否定性功利主义的代表人物,他认为从人的本性出发不足以解决伦理价值的问题,主张用"痛苦最小化原则"置换功利主义的"公众幸福最大化原则"。

当我们追求幸福的行为危害到他人对幸福生活的追求时,就有了规范行为的必要,而这也是道德理论所需要解决的首要问题。功利主义的"公众最大幸福原则"认为,"我们应采纳那些为最大多数人带来最大幸福的行为",但幸福是个人的主观感受,无法进行数量上的比较,所以在价值冲突时也就无法进行裁决。

如果采取一致同意的原则,人们又很难述成一致,因此这种试图用伦理价值来概括其他价值的功利主义的尝试最终将导致失败。针对此,波普尔便提出了自己的"痛苦最小化原则",亦即否定性行动功利主义。

波普尔认为,人是自由的,但人在行使自由权利时很可能妨碍到他人的自由,所以任何不加限制的自由都会破坏自由本身,我们有责任对自己的自由做出平等的限制。伦理规范是对自由的限制,但限制自由的目的是维护自由本身,即除非是出于维护自由的目的,否则就不应该破坏自由。

小知识:

塞涅卡(生卒年不详)

古罗马政治家、哲学家、悲剧作家、雄辩家,新斯多葛主义的代表。他早年信奉毕达哥拉斯的神秘主义和东方的宗教崇拜,后皈依斯多葛派。他的伦理学对于基督教思想的形成起了极大的推动作用,他的言论被圣经作者大量吸收,他因此有了基督教教父之称。代表作《道德书简》。

60. 商鞅变法
——极端功利主义

存在着两种不同类型的无知,粗浅的无知存在于知识之前,博学的无知存在于知识之后。——蒙田

战国前期,秦国在众诸侯国中还属于实力颇弱的国家,虽然秦人尚武,军功卓越,在战国七雄中令人畏惧,但当时秦国处于西北贫瘠之地,社会经济的发展远远落后于其他诸侯国。当时,随着铁制农具的使用和牛耕的推广,土地国有制逐渐被封建土地私有制替代,各诸侯国的奴隶制开始崩溃,封建制逐渐兴起,为了顺应这样的历史潮流,各诸侯国纷纷兴起变法。在改革家多半选择实力更强的楚、魏等国的时候,却有一个人将目光投向遥远的秦国,这个人就是商鞅。

商鞅,当时应该还称作卫鞅。他是卫国人,专研以法治国之道,有人说他受教于鬼谷子,也有人说他师从李悝、吴起等人。他最早是做魏国宰相公叔痤的家臣,公叔痤曾经极力向魏惠王举荐商鞅,但魏惠王却始终没有重用他。后来,听说秦孝公向天下求贤,打算变法自强,收服秦之失地,商鞅便前往秦国,希望能一展所长。

面见秦孝公之后,商鞅故意先以帝王之道说秦孝公,但孝公听得昏昏欲睡,于是商鞅在第二次面见时以王道大开议论,仍是不合孝公心意。经此两次之后,商鞅知道秦孝公变法之意坚决,而且心属法家变法强国之说,便再次面见秦孝公,将自己的法家治国之道全盘托出。两人心意相通,订下变法大计,立刻开始着手进行。

商鞅变法的主要内容为"废井田、开阡陌,实行郡县制,奖励耕织和军功,实行连坐之法"。也就是说废除土地国有制,实行私有制,准许土地买卖,并大力鼓励开荒,促进农业生产。同时,商鞅还废除了分封制,改行郡县制,将原本属于领主的特权收归中央,巩固了中央集权。此外,商鞅制定了军功爵制,废除过去的爵位世袭制,按军功论功行赏。秦人喜欢私斗,而且都是大规模的械斗,常常弄得死伤遍野,因此商鞅制定了严苛的规定,阻止秦人私斗。商鞅制定的法律极其残酷,稍有犯错便有刑法,轻罪重刑,连"弃灰于道者"都要处以黥刑。他还订立了连坐制度,一户

犯错，则左右邻居都必须同样受罚。

变法初期，秦国上上下下对新法的意见都很多，正在这时，太子却触犯了法律。但太子将来要继承帝位，不能对太子施刑，于是商鞅对太子的老师公子虔和公孙贾施以刑法，将公子虔处以刖刑（砍脚），公孙贾处以黥刑（在脸上刻字涂墨）。这次事件之后，秦人知道商鞅言出必行，从此人人遵守法令，再也不敢批评新法了。

商鞅之所以采取如此严刑的峻法，其目的虽然是为了实践自己的法家理论，能够让新法得以顺利推行，完成自己的治国理想；但刑罚太过，有"一日临渭而论囚七百余人，渭水尽赤，号哭之声动于天地"，一日而杀七百余人，行事太过极端，所以造成国内怨声载道，人人对他不满。因此秦孝公死后，他便被处以车裂之刑，族人也被诛杀。

商鞅被人视为"极端功利主义"的代表人物，因为他的一切变法都是为了实现自己的目的而进行的，尽管他的目的不是为了自己而是为了国家，但在这一过程中他显然只顾着追求结果，而完全忽略其手段可能造成的危害，这也最终造成他自己的悲剧。

极端功利主义，就是一种完全以结果作为评判规则之正当性的功利主义思想。功利主义鼓励人去追求"最大的幸福"，但当其他的一切都被忽略，仅仅关注结果的时候，它的道德判断就很容易产生偏差。所以有人认为，这种极端功利主义要求一种理性的"完备知识"以对规则的后果做出预算，这显然是一种"理性的僭妄"。

小知识：

爱比克泰德（约55～130）

罗马最著名的斯多葛学派哲学家。他最关心的是要找到一条忍受人生的办法，并提出了一条准柏拉图式的"忍受和放弃"的合理化原则。

61. 大闹天宫
——规则功利主义

在这个世界上,平等地待人和试图使他们平等这两者之间的差别总是存在。前者是一个自由社会的前提条件,而后者则像 D·托克维尔描述的那样,意味着"一种新的奴役方式"。——哈耶克

在东胜瀛洲之外有个傲来国,国近大海,海中有座名山叫做花果山。花果山顶上有一块仙石。其石有三丈六尺五寸高,应了三百六十五日的周天;宽有二丈四尺,对应了二十四气。上有九窍八孔,对应了九宫八卦。这块石头无遮无蔽,每天接受天地日月之精华,竟然有了灵气,内中孕育出一个仙胞。有一日灵石迸裂,产出石卵化为一个石猴。石猴出世,眼中射出两道金光,金光直射到天庭,竟然惊动了玉皇大帝。这个石猴,便是无人不知的孙悟空,他是集天地精华而生,不属于天、地、人三界,一开始便是固有规则外的产物。

孙悟空后来拜师学艺,习得了无数神通,回到花果山做了他的逍遥大王。后来因为嫌没有合意的武器,跑去大闹水晶宫,逼得东海龙王敖广奉上东海之宝——定海神针。后又因为不愿自己的寿命被地府管辖,便强入地府,逼着阎王在生死簿上将大大小小的猴儿们一概删去,进而免去猴儿们生、老、病、死之苦,也让自己成为三界都管不了的人。

然而,本来井然有序的天界规则怎么能够容许一个石头里蹦出来的猴子破坏呢?玉皇大帝决定将孙悟空收归到原本的系统中来,他依照太白金星的计谋,邀请孙悟空上天受职,让他做了弼马温。

给了孙悟空天界官职已经是天大的恩惠,但众神仙并不知道,孙悟空心高气傲,绝不甘于人下。一日他无意中得知,弼马温不过是天界一个不入流的小官,才知自己被人轻视,一怒之下,打出南天门,回到了自己的花果山。

回到花果山,自尊自傲的孙悟空立刻自封为"齐天大圣",表示自己与天齐高,岂能将玉皇大帝的小小官职放在眼中。那边天界中的玉皇大帝知道孙悟空叛逃下

界,哪里能够容忍有人不按他的规则办事,立刻派人
前来捉拿。谁知道,各路神仙都不是孙悟空的对手,
损兵折将。玉皇大帝无奈,只能听从太白金星的建
议,将孙悟空封为"齐天大圣",又命他管理蟠桃园。

就这样,孙悟空再一次进入了天界的固有体系
之中,但他毕竟是个天性骄傲之人,从不肯有半点被
委屈轻视之处。王母娘娘举办蟠桃盛会,独独忘记
了这位"齐天大圣",气得孙悟空大闹蟠桃会,将酒食
一扫而光,随后又闯入了太上老君的府邸,将太上老
君辛苦炼制的金丹吃了个干净。他心知自己闯下大
祸,干脆又逃回花果山,打算依旧过自己占山为王的
日子。

《清朝升平署戏曲人物画册》中
收录的孙悟空扮相

天庭发现孙悟空再次犯下大错,立刻派人前来
捉拿。神仙们使出全部解数,终于将孙悟空提回了
天庭。然而,令他们更头痛的事却来了,无论刀劈火烧,都奈何不了孙悟空,最后只
能将他放入了太上老君的炼丹炉,希望能炼化他。可是孙悟空天生就铜头铁臂,七
七四十九天的三昧真火也对他无用,还被他冲出炉子,执起金箍棒,大闹天宫,将灵
霄宝殿打了个稀巴烂。最后,玉皇大帝无计可施,只能到西天请来了如来佛祖,将
孙悟空压在了五指山下,才算正式收服了他。

从出生于石头到大闹天宫,孙悟空始终都是以一个"另类"的面孔出现的,他永
远都不属于那个既定的体系,不遵守规则,虽然天界几次想将他纳入自己的规则范
围之内,但最终都失败了。因为他是一个独立而自由的生命,并且为了彻底的自由
而不断抗争着。

规则功利主义与行动功利主义同属于功利主义的范畴,都认为我们应当为最
大多数人创造最大的幸福,但不同的是,行动功利主义认为我们应当单独地考虑每
一个行为所产生的结果,规则功利主义则认为我们应当考虑如果每个行为成为一
般习惯会产生什么结果。

规则可被解释为可能的(理想的)规则或实际的(现存的)规则。规则功利主义
认为,一种道德行为应遵从这样一种规则,即对它的普遍遵从将会产生最大的功
利。规则功利主义用来评价功利的是一般规则而不是行为,进而将所关注的问题
由个人转向习惯和风俗。行为被认可不是因为它们本身的权利,而是因为它们与
满足最大化功利检验的习惯和风俗相一致。按照这一主张,一种道德行为应与现

存的道德准则相一致,如果这一准则被普遍接受或普遍遵守,它将产生最大的功利。

　　规则功利主义的基本困难是,在很多情况下它规定要遵守的规则在每一既定的个别场合并不是最有益的,因而,规则功利主义与功利主义的道德动机即善行不一致。

小知识:

　　肯恩·威尔伯(1949~)

　　美国著名的心理学家、哲学家,超个人心理学的重要作家。他探索了从物质到生命、从生命再到心智的进化过程,描述进化在物质、生命和心智这三个领域中的一些共同的模式。

62. 究竟是不是钱的问题
——多元论规则功利主义

> 能被理解的存在就是语言。——伽达默尔

米尔顿·弗里德曼是大家公认的二十世纪最伟大的经济学家,诺贝尔经济学奖的得主。除了卓越的经济学理论之外,他反应敏捷的头脑和犀利的辩才都令人津津乐道。

有一天,米尔顿正在向大众演讲利伯维尔场和资本主义的种种好处,演讲完毕后便等待大家提问。这时,一个年轻人站起来,非常愤怒地讲了一个故事:有一个老人,年老力衰无法工作,失去了收入来源,因此缴不起电费和燃气费,在数次欠费后被公司强行停了电和气。到了冬天,因为没有电和气,老人开不了暖气,竟然活活冻死在家中。最后,保险公司也只赔了数千美元了事。

这个年轻人激动地表示,所谓的"市场"是没有"道德"的,那些企业根本不重视人命,他们不知道,人命是不能用金钱来衡量的,几千美元的赔偿是不能补偿一条人命的。

米尔顿没有直接回答年轻人的质问,却反问了一个问题:"为什么你首先想到的是谴责电力公司断电,而不去谴责这位老人的亲戚、朋友不借钱给他度日呢?"年轻人听到这里,愣住了。米尔顿接着说:"如果一个流浪儿因为饥饿饿死街头,大家都会去谴责他的父母没有尽到养育的职责,而绝对不会谴责满街的餐馆没有提供食品给这个饿死的孩子。可是事情发生在这个老人身上的时候,为什么大家谴责的对象便转换了呢?"

米尔顿接着问:"你认为几千美元的保险赔偿太少,那么如果这笔赔偿金是几十万呢?"这个年轻人张开嘴想说些什么,但却没说出话来,米尔顿继续说:"那么几百万,几亿呢? 这个金额你能接受吗?"年轻人涨红了脸,一言不发。米尔顿说:"如果你认为几千美元的赔偿金你无法接受,但几千万美元的赔偿金你却可以接受的话,那是不是表示你所介意的不是人命是否能被金钱衡量的原则问题,而是钱多还

是钱少的问题?"

1959 年,准则功利主义的代表人物布兰特在其《伦理学理论》一书中首次明确地将功利主义分为行动功利主义和准则功利主义。

"问题不在于什么行为具有最大功利,而在于哪一种准则具有最大的功利。"他认为,行为功利主义仅仅关注最后的社会福利,表现为行为对效用最大化的直接追求,容易导致功利追求的狭隘和短视;而准则功利主义虽然也以效用原则为贯穿始终的标准,但反对把效用原则视为行为之特定情境下的特定判断,认为道德判断不应以某一特殊行为的功利结果为标准,而必须寻求到各种情境下都能导向有道德的结果的普遍性行为准则,才判定具体行为的正当与否。

布兰特还提出"道德善的多元规则论"。他主张用"重构定义的方法"判断善恶等道德问题,要求恢复传统规范伦理学,即对行为的认知批判和对心理欲望的理性批判,进而探究道德实践规范。他认为善或正当就是合理性,它的确定靠的是理性认知和经验事实,而这不是传统的抽象推理,而是确确实实的经验逻辑、包含实验心理的认知过程。他要求的是一种客观普遍的而非个体性的科学的道德规范,这种体系科学并非唯一,而是一种"多元论的道德法典"。

小知识:

威廉·莱恩·克雷格(1949~)

美国哲学家、神学家。他是当代自然神学公开的拥护者,因复活了凯拉姆式的宇宙论论证而出名,这个论点大意是万物有其时间上的开端,宇宙也有其时间上的开端,那就是上帝。代表作《凯拉姆式的宇宙论论证》是当今出版次数最多的有神论论著。

63. 一夜与一生
——描述伦理学

> 正义是社会制度的首要价值,正像真理是思想的首要价值一样。——罗尔斯

这是很多年前的一个晚上,外面是狂风暴雨,路上几乎没有行人。这时,有一对老年夫妇走进一家饭店的大门,打算入住。

"很抱歉,两位,"接待员是个年轻的小伙子,"我们的饭店已经住满了,因为正好有一个团体来这边参加会议,所有的房间都被预订了。"

看到两位老人为难的表情,这个年轻人立刻说:"我可以帮你们问问附近的饭店,也许还有空位。"他很快拿起电话拨了出去,一番对话之后,他以歉然的表情对这对老夫妻说:"真是不好意思,这附近的饭店也都已经住满了。"

看着外面的暴风雨,他停了一会儿,接着说:"在这个时候,我想您就是离开这里也很难找到饭店。不过我有一个建议,如果你们不介意的话,可以到我的房间里休息一晚上,虽然它比不上饭店的豪华套房,但是也还算干净。"

华尔道夫酒店

"这怎么好意思呢?"先生说,"如果我们占用了你的房间,那你就没地方可住了。"

"没关系的,正好我今晚可以待在这边完成订房的工作。"

这对老夫妇因为对服务员造成的不便感觉非常不好意思,但他们最后还是谦和有礼地接受了服务员的好意,住进了他的房间。

第二天,这对夫妇要离开了,他们来到柜台付费,此时还是这位服务员当班,但这个年轻人

告诉他们不需要支付任何的费用,他说:"你们没有在这家饭店正式入住,我的房间是免费借给你们的,所以你们不需要支付房费。"

老先生看着这位年轻人说:"你这样的员工是所有老板都梦寐以求的,也许有一天,我会为你盖一个饭店。"

年轻人认为这只是老人在向他表示感谢,并没有当真,只是笑了笑,送走了两位老人。

几年的时间很快过去了,这位年轻人依然在同一家饭店工作。有一天,那位老先生再次来到了这家饭店,向这个服务员讲述了几年前那个暴风雨之夜的记忆,并邀请他去纽约。

几天后,年轻人和老先生来到曼哈顿,老人将他带到位于第五大道和三十四街交界处的一栋豪华建筑前。老先生指着这栋大楼说:"这就是我专门为你建造的饭店,还记得几年前我说过的话吗?"这个年轻人有些慌乱:"您在开玩笑吧?为什么是我呢?您……您到底是什么身份?"

老人温和地微笑着说:"我的名字是威廉姆·沃尔道夫·阿斯特,这其中可没有任何阴谋,我只是觉得你是经营这家饭店最好的人选。"

这家饭店就是如今赫赫有名的华尔道夫酒店,而这个年轻人叫乔治·波特,希尔顿饭店的第一位经理,正是他开启了华尔道夫酒店的传奇故事。如今这家酒店已经成为了纽约尊贵的象征,是国家元首们下榻的首选。

描述伦理学又叫"记述伦理学",因其对道德现象进行经验性的描述和客观再现而得名,它是伦理学与其他相关社会科学、人文科学相结合而产生的一种新的伦理学理论类型。

描述伦理学认为,对道德观点的描述是人们在特定时间和特定的共同体内所持的道德原则。与传统规范伦理学不同,描述伦理学既不研究行为的善恶及其标准,也不制定行为的准则和规范,而是依据其特有的学科研究方法对道德现象做纯客观的经验描述和分析。

也就是说,描述伦理学的研究对象不是社会的道德价值和行为规范,而是社会的道德事实及其规律。其任务不在于提供社会道德价值目标及其标准和行为规范,而在于展现社会道德实际和揭示社会道德发展的规律。

描述伦理学并没有超出一种透过把道德论说置于一般的文化背景中对它加以说明的范围,或者说,描述伦理学更应该是人类学的一个分支而不是伦理学的一个分支。

64. 二十四孝
——美德伦理学

在任何事物中,美和善二者的本质特征都是相符的,因为它们正是建立在同一形式的基础上,所以善被我们颂扬为美。——托马斯·阿奎纳

《二十四孝》,全名《全相二十四孝诗选》,是元朝郭居敬编录的一本书。书中记载了从古至元朝二十四位孝子行孝的故事,故事多取材于西汉经学家刘向编辑的《孝子传》。二十四个故事分别是:孝感动天、戏彩娱亲、鹿乳奉亲、百里负米、啮指痛心、芦衣顺母、亲尝汤药、拾葚异器、埋儿奉母、卖身葬父、刻木事亲、涌泉跃鲤、怀橘遗亲、搤枕温衾、行佣供母、闻雷泣墓、哭竹生笋、卧冰求鲤、扼虎救父、恣蚊饱血、尝粪忧心、乳姑不怠、涤亲溺器、弃官寻母。

孝感动天讲的是虞舜事父至孝,但父亲、继母和弟弟都不喜欢他,并且多次想害死他,可是舜就算知道这件事,却依然孝顺父母,关爱弟弟,他的孝心感动了尧帝,尧帝就把自己的两个女儿嫁给了他,还将他选为了自己的继承人。

戏彩娱亲讲老莱子就算已经七十岁了,还穿着五彩的衣服,装作婴儿逗父母开心。

鹿乳奉亲讲郯子因父母年老患病想吃鹿乳,便披上鹿皮到鹿群中挤奶的故事。

百里负米讲仲由家贫,自己只能采野菜为食,却从百里之外背米回来侍奉双亲。

啮指痛心讲曾参有一次出外砍柴,正好家中来了客人,母亲便咬自己的手指,曾参立刻感觉到心痛,知道母亲在呼唤自己,连忙赶了回来。

芦衣顺母讲闵损的后母对他非常刻薄,冬天给他做的棉衣里装的不是棉花而是芦花,但他也不声张。有一次父亲生气鞭打他,打破了衣服才发现他穿的根本不是棉衣。父亲想将后母赶走,但闵损却为后母说情,让后母认识到了自己的错误。

亲尝汤药讲汉文帝的母亲患病,汉文帝一直在身边服侍,还亲自为母亲尝汤药,没问题才放心让母亲服用。

拾葚异器讲蔡顺因岁荒只能出去收集桑葚,他将不同颜色的分开来放,后来赤眉军看到问他为何要这么做,他说黑色的是给母亲吃的,红色未熟的则是自己吃的。对方见他孝顺,便给他食物。

埋儿奉母讲郭巨因为家贫难以维持,为了供养母亲,便打算将自己的儿子埋掉,留出粮食给母亲,挖地埋儿时却挖到了一坛黄金,说是上天感念他的孝顺赐给他的。

卖身葬父讲董永卖身为奴葬父,感动了天帝的女儿,下凡来与他结为夫妻,一月之间织成三百锦缎为他抵债赎身。

刻木事亲讲丁兰幼年父母双亡,因为思念双亲便雕刻了父母的雕像,将之当做父母一样供奉。丁兰的妻子心中对雕像不敬,一次竟然以针刺木像的手指,结果雕像的手指竟然流血了,丁兰知道了,便将妻子休了。

涌泉跃鲤讲庞氏的婆婆喜欢喝长江水和吃鱼,庞氏便天天走很远去为她打水。有一天她打水回来晚了,丈夫怀疑她怠慢母亲,就将她赶出家门。庞氏便寄居在邻居家中,纺纱赚钱,将积蓄送给婆婆。后来婆婆知道这件事,将她叫了回来,庞氏回来那天,家中忽然涌出泉水,与长江水相通,每天还有两条鲤鱼跃出,从此庞氏再也不用远去江边了。

怀橘遗亲讲陆绩六岁跟随父亲去访客,临走时带走了两个橘子,主人问他时他说,因为母亲喜欢吃橘子,所以想带回去给她尝尝。

搧枕温衾讲黄香孝顺,夏日为父亲搧凉枕席,寒冬用身体为父亲温暖被褥。

行佣供母讲江革出去做雇工供养母亲,自己赤脚破衣,却给母亲丰厚的衣食。

闻雷泣墓讲王裒的母亲生前怕打雷,每逢雷雨天王裒便跑到母亲坟前安慰。

哭竹生笋讲孟宗的母亲病重,需要鲜笋做汤,但当时是严冬没有鲜笋,孟宗便跑到竹林哭泣,谁知地上竟然长出了许多嫩笋,孟宗采笋做汤,治好了母亲的病。

卧冰求鲤讲王祥的继母患病想吃活鲤鱼,但当时是冬天,湖面都结冰了,王祥便解开衣服卧在冰面上想融化冰雪,这时冰忽然自行融化,并跳出两条鲤鱼来。继母吃了鲤鱼,病果然好了。

扼虎救父讲杨香十四岁时和父亲下田割麦,忽然一只猛虎跳出来咬住了父亲,杨香冲上去死死扼住老虎的咽喉,竟然逼得老虎放下父亲跑了。

恣蚊饱血讲吴猛家贫没有蚊帐,为了父母不被蚊虫叮咬,他便赤身坐在父母床前,让蚊子吸饱他的血,这样便不会叮咬父母了。

尝粪忧心讲庾黔娄父亲病重,便亲自尝父亲的粪便以判断病情。

乳姑不怠讲崔山南的曾祖母年事已高无法进食,他的祖母便用自己的乳汁喂养曾祖母。

涤亲溺器讲黄庭坚虽身居高位，依然每天亲自为母亲洗涤马桶，尽到儿子的责任。

弃官寻母讲朱寿昌母亲早年被逼改嫁，失去音信，他为了寻找母亲，竟然放弃官位，终于能与母亲团聚。

在这二十四个故事中，有着彩衣娱亲、卧冰求鲤这样令人称道的行为，但也有埋儿奉母这种充满争议的孝心故事，尽管很多的故事多为虚构，但毕竟它们所记载下来的，都是人类生活中一种不可或缺的美德——孝。

美德伦理学产生于古希腊伦理学以及对现代道德哲学的批判中。在现代人的观念中，道德本身就是惩罚性、矫正性的，在现代道德哲学体系中，是依赖赞美、责备等一系列的反应性态度产生作用，强制人回归到道德规范当中。但在古代伦理学的观念中，道德并不是从外在强加于人的，而是人类自身内在具有的本质，它本身就是人类生活的一部分，道德本质上联系着人性的完善，道德观念是被整合进一个人的生活的。

美德伦理学可以分为非道德的美德伦理学和道德的美德伦理学。前者以亚里士多德的美德伦理学为代表，其核心的美德概念和道德的规范或法则没有明显的关联。后者以十八世纪苏格兰哲学家弗朗西斯·哈奇森的美德伦理学理论为代表，其美德的概念和道德上正确或错误的概念有着密切的关联。

小知识：

路德维希·安德列斯·费尔巴哈（1804～1872）

德国旧唯物主义哲学家。他批判了康德的不可知论和黑格尔的唯心主义，恢复了唯物主义的权威；肯定自然离开人的意识而独立存在，时间、空间是物质的存在形式，人能够认识客观世界；对宗教神学进行有力的揭露和批判。

65.向神父告解
——应用伦理学

> **人的意识屈从于物化结构。——卢卡奇**

这个故事发生在 1910 年的葡萄牙：

一天深夜，当教堂的钟声刚刚敲响十二下的时候，神父里维拉正打算上床休息。这时，外面传来一阵急促的敲门声，神父想，或许是有病人的家属来请我去做祈祷的吧！于是他赶紧起身，出来打开了门。

门外站着一个男人，裹在厚厚的大衣里，头上的帽子压得很低，盖住了他的脸，让人看不清他的长相。这个男人看到神父，立刻压低了嗓子说："我要告解。"声音粗鲁而急促。虽然已经是深夜了，但神父怎么能够拒绝一个前来告解的人呢？于是他将来人带进了自己的办公室。

一进到办公室，这个男人立刻说："几分钟之前我因为抢劫杀了人。"

听到这话，神父非常的惊讶，但他很快冷静下来，严肃地问道："那么你现在因为自己的错误后悔了吗？"

"是的，在火车站附近干这种事实在是很愚蠢。我被人看到了，而且通知了警察。"

"可是你有为你犯下的罪行忏悔吗？你没有对此感到不安吗？"神父惊讶地问道。

"不，一点也不。"男人的嘴角泛起了诡异的笑容。

"那么，我无法赦免你的罪过。"神父告诉他。

"没关系，这不重要，重要的是你必须默不作声，按照告解的约定，你不能对任何人讲出我的罪行。而且我还要把我的手枪和抢到的钱包放在你这里,稍后我会回来取回这些东西的。就这样,再见!"说完,这个男人便迅速从窗子跳到了花园里,逃走了。

神父还没有从刚才的事情里回过神来,忽然又有人敲门。神父将手枪和钱包放进办公桌的抽屉,然后前去打开门,门外站着几个警察。一个警察告诉神父:"大约一个小时之前,火车站附近有个男子被人杀害了,我们的警犬跟随凶手的踪迹来到了这里。你有什么可以告诉我们的吗?"

神父的脸色苍白,说话也结结巴巴的:"我唯一能说的就是我什么都不知道。"

"你的表情告诉我你应该知道一些事,你似乎很心虚。"警察说道,"我们必须搜查你的家。"

警察很快便从神父的办公桌里找到了手枪和钱包。"现在,你有什么要告诉我们的吗?"神父非常不安,但他还是说:"我没有什么可说的。"

"那么,你被捕了,罪名是抢劫和谋杀。"就这样,里维拉神父很快被控以抢劫杀人罪,并被判处终身监禁。

六年后,第一次大战期间,一名受了重伤的士兵被送到了野战医院。这名士兵知道自己命不久矣,于是他要求向一名神父告解。告解之后,他叫来了三名军官并告诉他们,自己就是六年前那宗抢劫杀人案的凶手,并讲出了全部的事情经过,这时人们才知道,里维拉神父是为他坐了冤狱。就这样,在监禁了六年之后,里维拉神父终于被释放了。

倾听教徒的告解并将之作为秘密永远放在自己心中,这是神父的职责,而就算他所听到的是一件谋杀案,就算当中有人因此而被冤枉,神父也不能够说出一切。这样的职业操守到底应不应该,这大概正是伦理学所要回答的问题了。

应用伦理学,也叫"实践伦理学",是二十世纪中期兴起的伦理学的一个专门学科。应用伦理学是研究怎样应用伦理原则、规则、理由去分析和处理产生于实践和社会领域中的道德问题,并为这些问题所引起的道德悖论的解决创造对话的平台,进而为赢得相对的社会共识提供伦理上的理论支持。应用伦理学的目的就在于探讨如何使道德要求透过社会整体的行为规则与行为程序得以实现。

到目前为止,相对较完整地确立起来的应用伦理学的分支包括"学术伦理学"、"农业伦理学"、"生命伦理学"、"商业伦理学"、"环境伦理学"、"法律伦理学"、"医学伦理学"、"护士伦理学"等等。

由于被运用的道德原则来自于不同的伦理体系,这些原则本身就是复杂且相互冲突的。所以应用伦理学很难对实践问题提供确定的回答,但应用伦理学能够使关于实践问题的讨论尽可能地清楚而又严谨。

66. 克隆的争议
——生物伦理学

> 权利的相互转让就是人们所谓的契约。——霍布斯

　　克隆，来自于英文"clone"，这个词最早起源于希腊文"klone"，原意是指以幼苗或嫩枝插条，以无性繁殖或营养繁殖的方式培育植物。今天的克隆，则是指以生物体透过体细胞进行的无性繁殖，以及由无性繁殖形成的基因型完全相同的后代个体组成的种群。

　　世界上公认的第一只克隆动物叫多利，1997 出生于英国罗斯林研究所。当时，科学家从一头普通的白色母绵羊身体里提取了乳腺细胞，将其细胞核移植到一个剔除了细胞核的苏格兰黑脸羊的卵子中，使之融合、分裂、发育成胚胎，然后移植到第三头羊的体内。科学家当时一共培育了 277 个胚胎，但最后只有一只羊成功的出生并存活下来了，它就是多利。多利所继承的是提供体细胞的那只绵羊的遗传特征，而不是生育他的羊的遗传特征。它的出生在全世界引起了轰动，科学家认为，多利的诞生标志着生物技术新时代的来临，而美国《科学》杂志更是将这项研究成果评为 1997年十大科技进步的第一项。

克隆羊多利

　　1998 年，多利和一只威尔士山羊结合，产下了自己的后代，这表明，克隆羊也是能够生育的。但 2002 年，多利就被发现患上了关节炎，对刚刚五岁，正值壮年的多利来说，患上这种老龄疾病很有可能是由于克隆技术的不完善造成的。而 2003 年，多利因为严

重的肺病去世了，它的死亡再次引起了克隆动物是否会"早衰"的争论，也让大多数人确信，克隆技术还不够完善，无法替代上帝赋予的生育能力。

其实，克隆从产生的第一天起就充满了争议。当然，人们害怕的不是动物的克隆，而是随之而来很可能无法避免的对人类的克隆。无数的科幻小说中都充满这样的情节，一个活生生的人忽然被他的克隆人所取代，走投无路。而更可怕的是，克隆人很可能在制造的时候就剔除了所有有缺陷的 DNA，比如遗传性的隐疾等，也就是说，克隆人比真实的人类更加完美，如果你面对着一个更加完美的自己，难道你不会害怕被取代吗？

另外，一旦克隆人的技术已经完备，那么就很难避免它被用到实际生活中。一旦人类能够人为选择后代的基因，那么必然会出现性别比例失调、人类分成优等与劣等、克隆人是否具有自然人的法律权利等容易引发社会道德争议的问题。不要忘记，第二次世界大战时期的希特勒就曾经提出过类似的优生理论，并将日耳曼民族之外的民族全部归为劣等民族，而这一观点竟然赢得当时几乎全部德国遗传学家的支持。而 2005 年，美国的一个邪教更是宣布他们已经克隆出十多个婴儿，尽管这个消息无法证实真假，但依然引起轩然大波。如果科学一旦被狂妄的野心家所支配，它能够造成的伤害比我们能想象到的更可怕。有鉴于此，很多国家都制定了相关的法律法规，禁止人的生殖性克隆。

克隆动物的高失败率、高夭折率告诉我们，克隆这条道路还有很远的路要走，但同样的，只要人类坚持走下去的话，有一天就一定能够达到目标。然而，当人类拥有成功的技术的时候，克隆人是否会出现在你我的身边，是谁也无法预料的。

生物伦理学又叫"生命伦理学"，它关注的是生物学、医学、控制论、政治、法律、哲学和神学这些领域的互相关系中产生的问题。

生物伦理学涵盖的范围很广，比如堕胎、计划生育、人工受孕、器官移植、同性恋、细胞复制、动物医学实验、基因工程等等。

在对于涉及生物学的议题相对该接受多少道德判断的尺度上，人们还存在着很大的争议。有些生命伦理学家会将道德判断的尺度缩限在医疗或科技发明的道德上，以及对人体实施医疗的时间点上；而有些生命伦理学家则会将道德判断的尺度扩大到施加在会感到恐惧和痛苦的生命体的一切行为上。

67. 屠杀类人猿
——环境伦理学

一切确定的皆否定。——斯宾诺莎

"这时候,月亮罩上了一圈淡淡的光环,但月光依然明亮,我清晰地瞧见五个影子从树林里摇摇晃晃地钻出来,笨拙地跑进高高的草丛中。从它们的姿势、肤色以及它们散发出来的被微风飘来的腥味,我认出了是类人猿,先前,那令人毛骨悚然的笛声就是它们发出的。我的腰弓得更低了,希望能避开它们注意力,这些家伙又狡猾又凶残,四处骚扰。

·············

机会到了。我将手枪插入腰包里,解下猎刀,大步流星,迅速地追到那位孤独的逃跑者身后,挥刀向类人猿刺去。这时,它才注意到我,惊叫一声,笨拙地扭转身体,胸部躲过了利刃,但肩部却挨了一刀。

我必须将它杀死,于是我又举起历经了一个多世纪依然寒光闪闪的利刀,刺进它的身体。那家伙挨了两刀,但还没有咽气。只见它向我转过身,身体猛然一抖,挣脱仍然陷在肉体里的猎刀,随即又死死地抓住我。

我拼命将一只手伸到类人猿背后摸刀,另一手挡住它的利爪以防它抓我的喉部。我们搏斗时,它居然对我说话了。我惊恐失色,浑身起鸡皮疙瘩。

类人猿的口鼻畸形,牙齿很长,发音含糊不清,而且和其他动物一样,缺乏语法概念。尽管如此,我还是听懂了大意。

'死了人人杀死杀死兄弟杀死。'

'闭嘴,闭上你的嘴。'

'兄弟死了死了人刀杀死的。'

我的手指终于摸到露在类人猿背部的刀柄,拔出刀来,再次刺进去。它猛然叫了一声,吐了一大口气,喷了我满脸鲜血。然后呻吟了几声,便无力地蜷缩在我的怀里。"

这是美国科幻作家赫尔的作品《美食》中的片段,写到"我"为了食物杀死类人猿的故事。在面对类人猿"兄弟"的称呼时,你是否也感觉到某种寒意呢? 然而,这样的事情并不只发生在科幻小说中,在人类历史上,确实有过对类人猿的谋杀。

在很长的时间里,人们都认为人类是从类人猿进化而来的,因为它们会使用简单的工具,有着复杂的语言交流方式,能够直立或半直立行走。然而,另一个事实是,类人猿现在已经到了濒临灭绝的边缘,罪魁祸首正是人类。

正是人类不断侵占类人猿的生活领地,使它们的栖息地日益缩小,最终导致它们难以生存下去。而且这样的侵占并非是从现代社会开始的,早在原始时代,人类就在不断迁徙过程中选择新的居住地,而首选就是类人猿的居所,这是因为两者有着基本相同的食物对象,以及对环境有类似的要求。当人类选择占据类人猿的居所时,不可避免地会发生人与类人猿的战争,而作为已经懂得使用火的人类来说,类人猿显然不是其对手,所以正是人类的残杀,逼迫类人猿退出了生物进化的舞台。而到了今天,人类还在用不断破坏环境、偷猎等种种行为,进一步蚕食着类人猿的领地。

环境伦理学是在当代的环境危机诸如空气与水污染、物种的灭绝等环境问题产生的背景下产生的一种伦理学。

环境伦理学的共同前提是反对传统伦理学的人类中心主义(也称"物种主义"或"人类沙文主义"),因为人类中心主义的特征是把非人类的生物和自然看作是剥夺的对象,是达到人类目的的工具,而不是把它们自身看作目的。而环境伦理学则力图把这些存在物和自然作为一个整体来看待,并确立人对它的责任。因此,环境伦理学不应该只视为应用伦理学的一个分支,而是一个新的理论架构。

环境伦理学有多个分支,比如"弱人类中心主义"、"动物中心主义"、"生物中心主义"等。弱人类中心主义认为,人类的利益仍然是首要的,但人类应该培育出一种对待环境的崇高义务感。动物中心主义也叫动物中心伦理学,它认为动物也是有感觉的生命体,主张人类必须把道德思考的范围从仅仅对人类而言扩展到动物。生物中心主义也叫生命中心伦理学,它认为包括植物在内的所有生命的存在物,都应该包括在道德共同体之内。

此外还有"生态中心主义"。与以上这三种伦理学不同的是,生态中心主义认为人类的伦理学是不适合拓展到其他的非人类领域的,应当有一种关注整个生态系统的整体的伦理学,因此生态系统的整体性、多样性和稳定性应当是用于判断一种行为的道德的首要标准。而以上三种伦理学都相信传统的人类伦理学是健全的理论,只要稍做改变就能运用到不是人类社会的领域中去。

68.血色海湾
——生态伦理学

> 客观世界只是精神原始的、还没有意识的诗篇。——谢林

2009 年,一部叫做《血色海湾》的纪录片获得奥斯卡最佳纪录片奖,也让大家将目光投向曾经少有人知的日本太地海湾。

故事中的主角就是聪明的海洋生物海豚。理查德·奥巴瑞是 20 世纪 60 年代最著名的海豚训练师,也是世界上最权威的海豚音专家,对海豚十分了解和喜爱。在结束了海豚训练师的工作之后,他投身到保护海豚的工作中去,开始抗议捕杀海豚以及训练海豚表演的行为。一次偶然的机会,他得知了日本有一个秘密的海湾,那里每年都要捕获大量的海豚,一部分海豚被来自世界各地的人们购买,运送到各地的海豚馆和海豚公园,而没有被选中的海豚就会被残忍地屠杀,海豚肉被运往日本各地的学校做午餐,或者摆上超市的货架出售。

知道这一切的理查德决心向世界揭示这样的暴行,他受邀参加一场海洋哺乳动物专家的座谈会,决心在座谈会上向大家公布他所了解到的情况。但就在他即将登台的最后一分钟,他却被会议的举办者"海洋世界"禁止发言了。

海豚是一种本领超群、聪明伶俐的海中哺乳动物。

幸运的是,在这场座谈会上他结识了路易·皮斯霍斯,也就是这部纪录片的导演,当路易得知理查德想要演讲的内容时,他打算和理查德一起去当地看看。两个人一起来到日本太地,路易在这里亲眼见到渔民们对海豚的屠杀,他决心将太地发生的事情拍摄下来。然而,当他们向当地政府申请拍摄许可时却被拒绝,而且从此之后,他们受到警方的严密监视,

以阻止他们拍摄的行为。

日本政府之所以阻止他们的拍摄，为的正是海豚捕杀背后那巨大的经济利益。日本的海豚捕杀季从九月开始，一直持续到第二年的四月，每年大约有两万三千只海豚和江豚被杀，而每一只卖掉的海豚能让他们获利十五万美元，死掉的海豚则有六百美元的收益。正是这巨大的经济收入使得日本始终不肯停止捕杀海豚的行为。

然而，应该被谴责的何止是日本的政府和渔民，当人类在这个世界上肆意破坏环境和生态时，在反省自己的行为之前，我们似乎没有权利去谴责任何人。

在纪录片的末尾，理查德背着这部片子的放映器站在东京繁华闹市的街头，向过往的日本人传达发生在他们国家的血腥屠杀。禁止捕杀海豚的路还很长，人类保护生态的道路则更长远、更艰难。

自从人类诞生后，自然界就有了自己的对立面，人类的生存和发展导致了自然界的剧烈变化，严重破坏了自然界的生态。伦理学中也诞生一项新的学科——生态伦理学。

某些工具书认为生态伦理学与环境伦理学是同一门学科，但大部分学者都认为生态伦理学是另一门独立的学科。

生态伦理学是一门以"生态伦理"或"生态道德"为研究对象的应用伦理学，它是从伦理学的角度审视和研究人与自然的关系。生态伦理学要求人类将其道德关怀从社会延伸到非人的自然存在物或自然环境，而且呼吁人类把人与自然的关系确立为一种道德关系。

根据生态伦理学的要求，人类应放弃算计、盘剥和掠夺自然的传统价值观，转而追求与自然同生共荣、协同进步的可持续发展价值观。生态伦理学对伦理学理论建设的贡献，主要在于它打破了仅仅关注如何协调人际利益关系的人类道德文化传统，使人与自然的关系被赋予了真正的道德意义和道德价值。

小知识：

悉尼·胡克(1912~1989)

美国著名的实用主义哲学家。起初他是马克思主义哲学的信奉者，后又投身于实用主义，开创"实用主义马克思学"。代表作《对卡尔·马克思的理解》、《理性、社会神话和民主》、《历史中的英雄》等。

69.挽救生命的谋杀
——医学伦理学

> **医术是一切技术中最美和最高尚的。——希波克拉底**

2000 年 8 月,生活于戈佐——地中海一个岛屿上的妇女发现自己怀上的胎儿是一对连体婴,因为当地的医疗条件无法应对这样的情况,她和丈夫来到英国曼彻斯特的圣玛丽医院生产。

8 月 8 日这天,这对孩子出生了。这是一对连体女婴,被大家称为乔迪和玛丽,两人下腹连成一体,脊骨相连,共享一个心脏和一对肺部,其中体质较弱的玛丽更是必须依赖乔迪心肺提供的血液和氧气维生。在这样的情况下,医生断言,两个孩子必须进行手术分离,否则在六个月之内两个孩子都会死亡。

然而,以这两个孩子现在的身体状况来说,分离手术无疑就意味着必须有一个孩子死亡。因为她们总共只有一个心脏和一对肺,这些器官给谁,就注定了另一个孩子的死亡。可以说,这是一场挽救生命的谋杀。

孩子的父母是一对虔诚的天主教徒,他们不愿意接受分离手术,认为应该由上帝决定孩子的生死。然而,医生们却认定,如果不及时进行手术的话,两个孩子都会死亡,还不如以其中一个的死亡换得另外一个的生存。

两方争执不下,事情最后闹到法院,轰动整个英国。整个英国分成两派,一边支持分离手术,认为这样至少可以挽救一个孩子的生命;另一边则纠结于是否能有为了保障一个人的生命而杀死另一个无辜的人,尤其是天主教徒们更是反对这种手术的进行。

两边各持己见,在舆论的压力下,英国最高法院最终做出无记名表决,判决在只能保住其中一个婴儿的情况下,医生可以动手术将连体婴分开。

终于,这对连体婴儿的分离手术得以进行。手术经历了大概二十个小时,医生要先将身体较弱的玛丽的血液供养切断,然后将两个孩子隔开,而玛丽的皮肤将会移植到乔迪的伤口上。这场手术的进行也就意味着,身体较弱的玛丽将会死亡,而只有这样她的姐妹乔迪才有可能生存下来。

手术进行时，不少天主教徒来到医院门口静坐祷告，以此表达对玛丽的小生命被抹煞的抗议。尽管如此，这对小姐妹的分离手术还是进行了，虽然玛丽已经死亡，但这也意味着乔迪有很大的可能生存下去。

乔迪的生命可以继续，而这一场挽救生命的谋杀，还将继续引起争议，并成为伦理学上永恒的议题之一。

医学伦理学是运用一般伦理学原则解决医疗卫生实践和医学发展过程中的医学道德问题和医学道德现象的学科，它是运用伦理学的理论和方法研究医学领域中人与人、人与社会、人与自然关系的道德问题的一门学问。

医学伦理学的主要理论包括道义论和后果论。道义论认为行动的是非善恶决定于行为的性质，而不决定于其后果。反之，后果论则认为行动的是非善恶决定于行为的后果，并不决定于其性质。后果论要求在不同的治疗方案中做出选择，最大限度地增进病人的利益，把代价和危机减少到最小程度。

医学伦理学中有三个最基本的伦理学原则：病人利益第一、尊重病人、公正。这来自于医疗工作中医生与患者关系的特殊性质。病人求医时必须依赖医务人员的专业知识和技能，甚至必须将自己的隐私告诉对方，而且病人根本无法判断医疗的质量，这就使得医务人员有了一种特殊的道德义务，必须把病人的利益放在首位，并赢得和保持病人的信任。所以医患关系基本的性质是信托模型，信托关系基于病人对医务人员的特殊信任，信任后者出于正义和良心会真诚地把前者利益放在首位。

小知识：

伊本·路世德(1126～1198)

阿拉伯哲学家、教法学家、医学家。他认为世界是无始的、永恒运动的，物质是运动的基质，真主是无始的存在，是世界的"第一推动者"、万物最后的"目的因"，反对灵魂不灭说。他从伊斯兰教法的角度阐述了哲学的合法性。

70.希波克拉底誓言
——职业伦理学

> 善就在于在任何特定的时刻都按照上帝的意愿行事。——艾米尔·布伦纳

对所有学医的人来说,几乎没有不知道希波克拉底誓言的,这个 2400 年前写就的一段话,今天已经成为所有从医者在就职时的宣誓。而这段话,正是医学之父,著名的希波克拉底所写。整段誓言如下:

"医神阿波罗、埃斯克雷彼斯及天地诸神作证,我——希波克拉底发誓,我愿以自身判断力所及,遵守这一誓约。凡教给我医术的人,我应像尊敬自己的父母一样,尊敬他,作为终身尊重的对象及朋友,传授我医术的恩师一旦发生危急情况,我

希氏誓言,此为十二世纪拜占庭手抄本。

一定接济他。把恩师的儿女当成我希波克拉底的兄弟姐妹;如果恩师的儿女愿意从医,我一定无条件地传授,更不收取任何费用。对于我所拥有的医术,无论是能以口头表达的还是可书写的,都要传授给我的儿女,传授给恩师的儿女和发誓遵守本誓言的学生;除此三种情况外,不再传给别人。

我愿在我的判断力所及的范围内,尽我的能力,遵守为病人谋利益的道德原则,并杜绝一切堕落及害人的行为。我不得将有害的药品给予他人,也不指导他人服用有害药品,更不答应他人使用有害药物的请求。尤其不施行给妇女堕胎的手术。我志愿以纯洁与神圣的精神终身行医。因我没有治疗结石病的专长,不宜承担此项手术,有需要治

疗的，我就将他介绍给治疗结石的专家。

无论到了什么地方，也无论需诊治的病人是男是女、是自由人还是奴婢，对他们我一视同仁，为他们谋幸福是我唯一的目的。我要检点自己的行为举止，不做各种害人的恶行，尤其不做诱奸女病人或病人眷属的缺德事。在治病过程中，凡我所见所闻，不论与行医业务有无直接关系，凡我认为要保密的事项坚绝不予泄漏。

我遵守以上誓言，请求医神阿波罗、埃斯克雷彼斯及天地诸神赐给我生命与医术上的无上光荣。一旦我违背了自己的誓言，请求天地诸神给我最严厉的惩罚！"

1848年，在当年召开的世界医学大会上，人们在希波克拉底誓言的基础上，制订了《日内瓦宣言》，宣布医生所必须遵守的道德规范："值此就医生职业之际，我庄严宣誓为服务于人类而献身。我对施我以教的师友衷心感谢。我在行医中一定要保持端庄和良心。我一定把病人的健康和生命放在一切的首位，病人吐露的一切秘密，我一定严加信守，绝不泄露。我一定要保持医生职业的荣誉和高尚的传统。我待同事亲如弟兄。我绝不让我对病人的义务受到种族、宗教、国籍、政党和政治或社会地位等方面的考虑的干扰。对于人的生命，自其孕育之始，就保持最高度的尊重。即使在威胁之下，我也绝不用我的知识做逆于人道法规的事情。我出自内心以荣誉保证履行以上诺言。"

而身为这段誓言的创始人，希波克拉底在生活中也坚持实践着自己的信念，将病人的利益放在首位。

公元前430年，雅典发生了可怕的瘟疫，大批的人在短短几天内发烧、呕吐，身上长满脓疮，然后迅速死去，城中来不及掩埋的尸体随处可见。在这样的情况下，人们纷纷逃离家乡，希望能够避开这场灾祸，但这时，却有一名医生冒着生命危险前往雅典，而他并不是一般的医生，他正是当时马其顿王国的御医——希波克拉底。希波克拉底来到雅典，仔细观察了病人的情况，开始探究瘟疫发生的原因和解救方法。不久他发现，城中唯独有一种人没有染上瘟疫，那就是每天在炉火边工作的铁匠，由此希波克拉底推断，火应该可以阻断瘟疫的蔓延，于是他让人们在雅典城中到处点起火堆阻隔瘟疫，并最终消灭了这场可怕的疾病。

希波克拉底能够成为被后人所敬仰的医学之父，依靠的不光是他出色的医学理论，更重要的是他不顾自身安危、治病救人的高尚情怀。这种精神不仅仅是身为医生所应该具备的，更是每一份职业都应当拥有的操守和信念。

　　职业生活是人类直接生活的生产和再生产藉以实现的一种普遍的基本形式，是人类社会生活得以发展的社会组织形式，而职业伦理学则是在此关系上产生的伦理学的一门新的学科。广义的职业伦理学指研究人们在职业活动领域中的一切道德关系和道德现象的学科，而狭义的职业伦理学则是指研究各行各业道德规范和准则的学科，像商业伦理学、律师伦理学等都是其分支。

小知识：

　　埃蒂耶纳·博诺·德·孔狄亚克（1715～1780）

　　法国哲学家、启蒙思想家。他把洛克的唯物主义经验论心理学思想发展为感觉主义心理学思想。他认为心灵有自己发展的能力，知识是由感觉引起的观念形成的，一切心理过程都是由感觉转化来的，都是变相的感觉。

71.手指的魔力
——教育伦理学

> 创造，或者酝酿未来的创造，这是一种必要性；幸福只能存在于这种必要性得到满足的时候。——罗曼·罗兰

皮尔·保罗是一名小学老师，1961年时，他被聘用为诺必塔小学的董事兼校长。这所学校坐落在纽约声名狼藉的大沙头贫民窟，学校里全是贫穷黑人的孩子，因为缺乏良好的教育，他们打架斗殴无所不作，令人非常头痛。

当皮尔·保罗第一次走进诺必塔小学的一间教室的时候，他看到的是一群吵闹追打的孩子，教室的黑板已经被砸烂，还有一个孩子已经站到窗台上。看到他进来，窗台上的孩子跳了下来，伸着小手走过讲台，皮尔·保罗叫住他说："我一看你修长的手指就知道，将来你一定会是纽约州的州长。"

小男孩听到这句话，大吃一惊，长这么大，只有他奶奶曾经说过一次令他振奋的话，说他可以成为五吨重的小船船长。可是这一次，校长居然说他可以成为纽约州的州长！这句话一直牢牢地刻在小男孩心中，"成为纽约州的州长"成了他的梦想和目标，也成为他每天要求自己的理由。从这一天开始，他每天都以州长的身份要求自己，他不再讲脏话，衣服干净而整洁，学习刻苦而努力。

四十多年后，当年的小男孩真的成为纽约州的州长，这一年，他51岁。这个小男孩叫做罗杰·罗尔斯，他也是纽约历史上第一位黑人州长，罕见的从贫民窟里走出来的州长。

在自己的就职演说上，罗杰·罗尔斯没有提到自己的奋斗史，唯独提到了一个名字——皮尔·保罗。在讲完上面的这个故事之后，罗杰·罗尔斯说："信念值多少钱？信念是不值钱的，它有时甚至是一个善意的欺骗！然而你一旦坚持下去，它就会迅速升值。在这个世界上，信念这种东西任何人都可以免费获得，所有成功者最初都是从一个小小的信念开始的。"而罗尔斯能够有如此坚定的信念，却是从他遇到一个真正的好老师开始的。

　　教育伦理学是研究教育过程中的道德现象及其发展变化规律的学科。其主要是研究教育活动中的道德问题,包括学校教育、家庭教育和社会教育在内的教育教学过程中的道德关系现象,并从伦理哲学的角度对教育活动进行价值分析和行为导向。

　　教育伦理学揭示了教师道德的本质、特点和作用,总结教师道德的基本原则和规范,以及教师道德品行的形成和发展规律等。此外,它也是研究道德教育的专门理论。内容包括道德教育的一般理论和原则、过程、方法,教育活动的道德规范等。

　　教育伦理学研究对象可概括为道德教育、教师职业道德和教育的社会伦理基础三种类型。教育伦理学认为,教育的本质是善的,但是违背教育本质善的教育思想和行为直接侵害的是受教育者的身心发展。因此,教育伦理学就是要对整个教育以及各种思想、具体的教育现象进行人文关照,以审察和规范合理性及价值性。

　　教育伦理学最早可以追溯到十八世纪瑞士教育家裴斯泰洛齐所撰写的《隐士的黄昏》一书,在书中他从基督宗教的观点出发将人神关系与父子关系模拟,以作为人际关系建构的基础,并且应用到教育关系之中。

小知识:

海登·怀特(1928～)

　　当代美国著名思想史家、历史哲学家、文学批评家。他广泛吸收哲学、文学、语言学等学科的研究成果,建构了一套比喻理论来分析历史文本、作者、读者,揭示意识形态要素介入历史学的种种途径。主要著作有《元史学》、《话语的比喻》、《形式的内容》等。

72. 为国献身
——性伦理学

> 真正的伟大,即在于以脆弱的凡人之躯而具有神性的不可战胜。——塞涅卡

一个伦理学家曾经提到这样一个故事:有一次他在飞机上遇见了一位迷人的女性,这位年轻的美女在知道他的身份之后,向他倾诉自己的困扰。原来这位女士的身份是一名间谍,受命在其他国家收集情报,但现在政府希望她去色诱对方国家的一位官员,并获取相应的情报。她的烦扰正是由此产生的,对她来说,为自己的国家充当间谍是为国服务的行为,合情合理,也合乎她的道德观,但如果要因为这件事献出自己的身体,就是让她不可接受的行为。

于是伦理学家问她:"你知道做间谍是一件非常危险的事情,你很可能会受到身体上的伤害,甚至丧失性命。"女士点点头,表示自己明白这一切并且能够接受,而且她相信这是一种光荣。伦理学家继续说:"那么,为国家丧失贞操和丧失一条腿有什么不同吗?其实在我看来,这一样值得赞许,都是对国家的忠诚和回报。"

相信现实生活中有很多人都与这位女士抱有同样的想法。他们乐意为国家奉献出自己的生命,可以毫不犹豫的牺牲自己,但当需要你奉献的是贞操和性的时候,却有很多人觉得这是耻辱且不可接受的行为。之所以出现这样的情况,完全是因为人类给性附加上了太多的道德意味,使得它承载了额外的东西。而这一切,正是性伦理学所要探究的内容。

性伦理学是一门研究性道德的科学。它的目的是以科学的形态再现人类的性道德,以理论思维的形式概括性道德现象的各个方面,并对这些现象进行规律性的研究,进而引导人类的性意识、性规范、性活动健康地向前发展。

性道德是指人们对一定社会性道德关系的心理感受和理性认知,它是人们在长期的性道德实践和研究探索中所形成的具有善恶价值取向的心理过程和理论体

系,是性伦理学研究的首要领域。

　　性道德的心理过程包括性道德观念、性道德情感、性道德意志、性道德信念、性道德理想等,它们是以个体性道德意识的形式表现的性道德理论体系,包括性道德的起源和本质,性道德的结构和特征,性道德的历史演变及规律,性道德的社会功能和作用,性道德的社会调控和自然调控等内容。性道德规范是调整两性关系、判断人们性意识、性行为是非善恶的具体规则和尺度,它受制于性道德的基本原则和普遍原则,是性道德原则的补充和展开。

小知识:

　　马可·奥勒留·安东尼(121～180)

　　古罗马皇帝、斯多亚学派代表人物。他试图为伦理学建立一种唯理的基础,把宇宙论和伦理学融为一体,认为宇宙是一个美好的、有秩序的、完善的整体,由原始的神圣的火演变而来,并趋向一个目的。代表作《沉思录》。

73. 第一黑客
——计算机伦理学

> 巡游五角大楼,登录克里姆林宫,进出全球所有计算机系统,摧垮全球金融秩序和重建新的世界格局,谁也阻挡不了我们的进攻,我们才是世界的主宰。——凯文·米特尼克

1982 年,"北美空中防务指挥系统"遭到入侵,入侵者翻遍了美国指向前苏联及其盟国的所有核弹头的数据,然后扬长而去。这些数据一旦被泄露给其他国家,美国政府就必须花费数十亿美元来重新部署自己的核弹头,损失难以计算,而事发之后,美国政府竟然无法抓到入侵者,这也成为美国军方的一大丑闻。

事发后没多久,美国著名的"太平洋电话公司"在南加利福尼亚州的通讯网络也遭到了入侵,这家公司保存在计算机中的用户的电话号码和通讯地址被入侵黑客随意修改,并对用户们肆意玩弄。事发一段时间之后,太平洋电话公司才发现并不是自己公司的计算机发生故障,而是有人破译了公司计算机密码进行的恶作剧。但这个著名的大公司竟然对入侵者束手无策,只能不断地修改密码来防止对方的破坏。

两次事件的发生让美国联邦调查局开始注意到一个人,他叫凯文·米特尼克,而这个米特尼克并非什么著名的计算机专家,而是一个仅仅十五岁的男孩。米特尼克 1964 年出生于美国的洛杉矶,父母离异的他从小就跟着母亲生活,因此颇为孤僻,沉默寡言。但小小年纪的他很早就展现出自己天才的智慧,1970 年代,美国开始建立一些小区计算机网络,米特尼克也在自己小区的"小学生俱乐部"里第一次接触到计算机和网络,他很快就对这个全新的世界着迷,并迅速成为计算机高手。不久,老师们就发现他用学校的计算机侵入其他学校的网络系统,米特尼克只能被迫退学了。退学后的米特尼克很快就打工赚钱为自己买下了第一台计算机,也正是在这台计算机上,米特尼克入侵了美国空中防务智能系统和太平洋电话公司。

世界第一黑客——凯文·米特尼克

在两次成功的入侵之后,得意的米特尼克越发嚣张,他又入侵了美国联邦调查局(FBI)的计算机网络。而令他大感意外的是,在翻查 FBI 的档案时他发现,FBI 的探员们正在调查的人正是他自己。胆大的米特尼克并没有害怕,他开始每天进入联邦调查局的系统,查阅有关自己的案情进展,当发现这些人的调查还毫无头绪的时候,他甚至开始玩弄起这些他眼中愚蠢的探员们来,将一些探员们的数据改成罪犯。

不过,探员们最终还是将米特尼克抓获了,令办案人员惊讶的是,这名玩弄得他们狼狈不堪的黑客,当时还只是一名十六岁的少年。因为年幼和网络犯罪还没有法案支持的缘故,法院只将米特尼克送入了少年犯管教所,而米特尼克也因此成为世界上第一个网络少年犯。

不久出狱的米特尼克并没有罢手,1983 年,他再次因为非法入侵五角大楼的网络而被判刑,1988 年又再次因入侵数字设备公司 DEC 被捕。但因为美国对于高智商网络犯罪的判刑并不重,他又很快出狱,并因为再次入侵美国五家大公司的网络修改用户数据而被通缉。联邦调查局费尽心机也没能捉住他,只得在全国范围内发出通缉令。至此,米特尼克成为 FBI 的十大通缉犯之一,也被《时代》杂志选为封面人物,成为了当时赫赫有名的计算机黑客。

1994 年,蠢蠢欲动的米特尼克再次现身,这次他的目标是圣迭戈超级计算机中心。米特尼克的攻击惹怒了圣迭戈超级计算机中心的一名专家下村勉,这位著名的计算机安全专家决定帮助 FBI,将米特尼克逮捕归案。

1995 年,凭借高超的计算机技术,下村勉很快锁定了米特尼克的所在地,帮助联邦调查局迅速将他擒获。在法庭上,米特尼克被控以二十五项罪名,被判关押四年半。

不过,米特尼克的入狱很快引起了黑客们的反击,他们结成了联盟,专门建立了一个叫"释放米特尼克"(www. kevinmitnick.com)的网站,向美国政府施压要求释放米特尼克,并宣称如果要求无法得到满足,就会启动他们置入众多计算机的病毒,导致网络瘫痪。

2001 年,在要求他不准离开加州中部,不得触摸计算机等一切可以上网的装置,七年内不得谈论黑客技术和他的收益之后,米特尼克获得了监视性释放。2002年,米特尼克假释期满,他终于获得了真正的自由。米特尼克因此作为世界上公认的第一个黑客,被人们和计算机历史所铭记。

计算机伦理学是随着计算机行业的产生和发展兴起的一门新的伦理学学科。它是指对计算机行业从业人员职业道德进行系统规范的新兴学科。

其涉及的主要内容有:

一、隐私保护。它指的是个人信息的私密性,包括传统的个人隐私,比如姓名、生日、婚姻、教育等,以及现代个人资料,比如 IP、邮箱、用户名等信息。

二、计算机犯罪。指利用计算机软件、数据、访问实施的非法举动,包括诈骗、非法访问、盗用等。

三、知识产权。知识产权是指创造性智力成果的完成人或商业标志的所有人依法所享有的权利的统称,而计算机和网络的普及使得剽窃知识产权变得容易,但无论何时何地,剽窃都是违背道德原则的做法。

四、无用及有害信息的传播扩散。

小知识:

弗里德里希·阿尔贝特·朗格(1828~1875)

德国哲学家、经济学家,早期新康德主义的主要代表。他是从生理学角度论证康德的认识论的,他把康德所说的认识形式的生理结构先验地赋予经验。由此出发,他否认"物自体"的客观存在,认为它仅仅是一个"极限概念",进而抛弃了康德哲学中的唯物主义成分。代表作为《唯物主义史》。

74. 威尼斯商人
——经济伦理学

道德确实不是指导人们如何使自己幸福的教条,而是指导人们如何配享有幸福的学说。——康德

在莎士比亚众多精彩的著作中,《威尼斯商人》并不是最抢眼的一部,与其他或宏大或缠绵的故事相比,它更像是轻松的小品文,充满着机智与风趣。其中尤以法庭上的那一幕最为知名:

威尼斯富商安东尼奥的好友巴萨尼奥要向贝尔蒙一位继承了万贯家财的美女鲍西亚求婚,向安东尼奥借三千块金币。可是安东尼奥的商船刚刚出港,他手边并无余钱,为了帮助自己的好友巴萨尼奥顺利结婚,安东尼奥不得已向高利贷者夏洛克借债,打算等自己的商船贸易航行回来之后,就偿还贷款。

莎士比亚作为英国文艺复兴时期最杰出的艺术大师,被称为"人类文学奥林匹斯山上的宙斯"。他的作品几乎是个悲剧的世界,而《威尼斯商人》却是莎氏喜剧的巅峰。

夏洛克一向对安东尼奥怀恨在心,因为安东尼奥是个豪爽大方的商人,常常贷款给他人又不要利息,抢走了高利贷者夏洛克不少的生意,令他十分恼火;再加上安东尼奥曾经出于同情帮助夏洛克的女儿私奔,更是令他愤恨。但老奸巨猾的夏洛克并没有表现出不满,而是爽快地答应了安东尼奥借款的请求,他还故作慷慨地表示,不要安东尼奥的利息,只有一个要求,那就是如果安东尼奥不能够如期偿还贷款的话,就必须从他身上割下一磅肉来,作为代价。

安东尼奥想着自己的商船很快就能回到港口,到时候偿还贷款毫无困难,便答应了夏洛克的要求。谁知没过多久,消息传来,安东尼奥的商船在海上失事了。这次事故让安东尼奥损失了大笔资金,因为资金周转不灵,安

东尼奥已经无法偿还夏洛克的贷款了。得知此消息的夏洛克大为欢喜,很快便将安东尼奥告上了法庭,要求安东尼奥履行曾经的诺言,割下一磅肉来抵偿贷款。

在法庭上,夏洛克咄咄逼人,他老辣沉稳,说话更是滴水不漏,不论巴萨尼奥他们如何恳求与劝告,他始终不肯让步,坚持要让安东尼奥割肉偿还。就在众人束手无策的时候,一位律师上场了,其实,这位律师正是巴萨尼奥的未婚妻,美丽聪明的鲍西亚,她得知了安东尼奥的事,特地赶来相助。

伪装成律师的鲍西亚一开始便坚持说要依法审理,这让夏洛克非常得意,拒绝了鲍西亚以赔偿大量金钱作为补偿的提议,更加坚定要割下安东尼奥一磅肉的要求。随后,鲍西亚又提出在割肉时能够有一位外科医生在场,防止可能发生的悲剧,得意忘形的夏洛克觉得这时对方已经无计可施,更加狂妄地拒绝对方的要求,殊不知他这时已经一步步陷进了鲍西亚所设好的陷阱,证实了他有意谋害威尼斯公民的罪名。

就在夏洛克以为自己已经大获全胜的时候,鲍西亚却拿出了自己最重要的武器。她指出,夏洛克与安东尼奥的约定是割下一磅肉来,那么在安东尼奥履行约定的时候,夏洛克所割下的必须正好是一磅肉,不能多也不能少,更不能使安东尼奥流血,否则便是破坏约定。夏洛克显然无法满足这样的条件,于是他只能要求撤销诉讼。鲍西亚却进一步指出,夏洛克所提出的条件分明是在刻意谋害他人的生命,应当受到处罚。最终,夏洛克被剥夺了全部财产,一半被充公,一半被判给了受害者安东尼奥。至此,整件事情完美地解决,除了害人不成反害己的夏洛克外,所有人都获得了幸福。

《威尼斯商人》最为人所津津乐道的,就是第四幕中法庭里的波澜起伏,将情节推到了最高潮。而夏洛克要求以安东尼奥身上的肉来抵偿借款的要求,显然不符合经济利益,而只是个人私怨的发泄。

作为一门独立的伦理学分支的经济伦理学兴起于二十世纪七十至八十年代的美国,它是以社会经济生活中的道德现象为研究对象,涵盖宏观经济制度、中观经济组织和微观经济关系中所有与道德有关的问题的一门新兴交叉学科。它的目的是在经济学和伦理学之间寻找契合点,使彼此沟通。

经济伦理学有三大研究方向,一是从经济学出发的经济伦理学,它研究经济运行过程中的道德价值体系,强调道德调节在经济发展中是超越政府和市场的重要力量,但更重视的是经济体制、产权制度和经济规律等对伦理的影响。

二是从管理学出发的经济伦理学,它认为经济伦理学的目的是为了更好地进行管理,它是在工商管理领域内发展起来的,研究对象是经济管理活动和经济管理领域中的行为规范或制度。

　　三是从伦理学出发的经济伦理学,它是一门研究经济制度、经济政策、经济决策、经济行为的伦理合理性,并研究经济活动中的组织和个人的伦理规范的学科,试图找到伦理学与经济学两者的结合点,由此找到解决两者冲突的基础和原则;其本质在于使人们明确经济领域的善恶价值取向及应该不应该的行为规定。

小知识:

柯亨(1842~1918)

　　德国哲学家,新康德主义马堡学派的创始人。他把认知看作是透过纯粹思维实现的,纯粹思维透过先验的逻辑范畴而创造一切科学认知。此外,他把康德的"物自体"仅仅看作是"极限概念",进而把康德哲学彻底唯心主义化。代表作有《康德的经验论》等。

75.堕胎与犯罪率
——人口伦理学

> 使自己快乐也使他人快乐,别伤害自己也别伤害他人,我以为这就是伦理学的全部意义。——尚福尔

在 1969 年之前,美国的许多州都是禁止堕胎的,除非是为了保障母亲的生命安全,否则任何的堕胎行为都是违法的,还会受到法律的制裁。

其实在十九世纪之前,美国的法律并不禁止人为堕胎,但在十九世纪之后,为了打击非法行医,保护正规医生的权利,医学界开始反对堕胎的合法化,并力促美国大部分的州通过堕胎违法的法律。

也许你会觉得一个人选择堕胎与否是自己独立的行为,不应该受到其他人的干涉,在以自由闻名的美国,这样的法律无疑有悖于独立自由的精神,但反堕胎分子们觉得,就算是母亲腹中的胎儿也是有自己独立的生存权的,不能被抹煞。这种争论一直持续了数百年,而反对堕胎的法律则从 1854 年一直持续到了 1969 年。

1969 年,当时正是美国性解放运动风起云涌的时候,年轻人都在肆意享受身体的愉悦,也难免因此孕育出不少性爱的果实,但这些单纯追求性快乐的年轻人哪里愿意提早承担起家庭的责任呢? 于是只能选择堕胎。而在那些法律明文禁止堕胎的州,要堕胎只能选择地下游医的非法诊所,或者去其他可以合法堕胎的州进行。

也就在这时,美国得克萨斯州一位名叫诺尔玛·麦科维的女孩怀孕了,她当时才二十一岁,并没有结婚,加上她只是一名普通的服务员,薪水微薄,居无定所,孩子对她来说是一个巨大的负担,根本无法承受。她想要打掉胎儿,但当时的得克萨斯州的法律是禁止堕胎的,因此没有一名医生敢于触犯法律为她实施堕胎手术。

诺尔玛根本没有多余的钱可以去外地堕胎,她又不敢选择非法行医者为自己实施流产手术,因为这些非法诊所的设备简陋,医生资质又无保证,因非法堕胎导致的死亡事件时有发生。

无计可施之时,诺尔玛决定找律师帮忙,她谎称自己被歹徒强奸导致怀孕,希望律师能够为自己争取到合法堕胎的权利。恰好当时正是民权运动如火如荼之时,女权主义者一直都在为争取女性的合法堕胎权而抗争,得知诺尔玛的故事,他们决定以这个案子为突破点,直接针对反堕胎法进行起诉,争取到合法的堕胎权。

1970年3月3日,诺尔玛化名为简·罗伊,将其所在郡的检察长亨利·瓦德告上了法庭,指控反堕胎法侵犯了她的"个人隐私",要求联邦法院下令废除此项法令,并禁止瓦德继续执行该法。此案一出,立刻引起了轰动,许多妇女权益组织出面支持诺尔玛,人们围绕着堕胎合法与反堕胎的制度进行着激烈的辩论,这个案件成为当时最为重大的事件之一。

最终,联邦最高法院做出最后的判决,基于女性的隐私权以及生命究竟从何时开始无法衡量的原因,诺尔玛赢得合法的堕胎权,而这同时也意味着,法院承认美国妇女的合法堕胎权。

堕胎禁令的取消换来的是持续了数十年的争议,人们分成了泾渭分明的两派,反对堕胎合法化的生命派和支持合法堕胎的选择派,这场纷争从罗伊案开始持续到今天,一直没有停止过。但同时,却有另外一个有趣的现象引起某些人的注意,在堕胎合法化的二十年之后,美国的犯罪率并没有如人们预计的那样逐年上升,反而下降了。

有学者指出,美国犯罪率的下降,恰恰正是堕胎合法化的结果。调查显示,大部分的罪犯都出生在贫困或不安定的生活环境下,他们多半来自贫民窟,没有受过良好的教育,缺少父母的管教和束缚,比起一般的孩子更容易成为罪犯。在堕胎非法的年代里,那些未婚的、缺少经济基础的女性如果怀孕,也只能被迫将孩子生下来,却无法给孩子提供应有的教育和生活环境,使得大量的孩子走上了犯罪道路,而当堕胎合法之后,这些女性多半都会选择流产,这样二十年后可能成为罪犯的孩子大量减少,进而大大降低了犯罪率。

犯罪率的下降是否是因为堕胎合法化的蝴蝶效应的说法至今还未成定论,而唯一可以肯定的是,关于堕胎与反堕胎,生命权与选择权的伦理学争议,还将会是这个世界上最激烈的争议之一。

人口伦理学,是新兴的应用伦理学中的一个分支,也是介于伦理学、人口学和社会学之间的新兴边缘学科。人口伦理学的主要研究对象是社会人口问题,重点是研究人口以及人口政策中的道德问题,确定目前人类自身生产行为的正误及确定正误的价值标准。

在社会急速发展的今天,世界人口也急剧膨胀,人口问题已经成为了世界范围内无法规避的重要问题。其实,许多的学者早就针对人口问题进行过论述,比如早在十八世纪马尔萨斯就提出著名的人口论,提出了限制人口增长的方法和理论,而马克思和恩格斯则认为必须节制生育,因为社会文明"是建立在人口的一定限度上的",必须"从道德上限制生育的本能"。

一方面,是地球资源已经难以承载越来越多的人口,另一方面则是人类对于生育这一权利的肯定和追求,所以人口伦理学中最重要的争论,就是人道主义与功利主义的争论。前者认为生育与否是夫妇自己的自由权利之一,因此不能受到干涉,但后者则强调生育的社会利益原则,要求从整个社会的利益出发,对生育进行有效的引导。

此外,由谁来确定人类生育行为的正当标准、人口规模、人口分布的合理标准等也是人口伦理学研究的重要问题。人口观和生育观中的道德问题,社会、家庭关于人口问题、生育问题中的社会责任问题,人口数量和质量及构成中的道德问题,计划生育中的道德问题等,都是人口伦理学所研究并期望解决的议题。

小知识:

马丁·海德格尔(1889~1976)

德国哲学家、政治理论学家、伦理学家。海德格尔认为存在决定一切,时间性是人的存在方式;他采用现象学方法,试图对"善"这一概念进行阐释。代表作《存在与时间》。

76.信任推销员的老人
——商业伦理学

> 伦常的意愿尽可能不必以伦理学作为它的原则通道——很明显,没有人透过伦理学而成为"善的",但却必须以伦常认知和明察作为它的原则信道。——马克斯·舍勒

尤太太的母亲今年已经七十高龄了,因为丈夫已经过世,女儿工作又忙,便一个人独居,尤太太只固定在周末过去探望一下老母亲。但因为工作太忙,又要照顾一对儿女和丈夫的生活,所以尤太太平日里难得给母亲打次电话,有时候一个月也难得过去一次。

有一天,很久没去探望母亲的尤太太腾出了一点时间,在周末去看望自己的母亲。到了母亲家中,她惊讶地发现家里多了一大堆乱七八糟的东西。五花八门的补品,从补血到补气的,从防治感冒到防治高血压的,还有各式各样的仪器,什么按摩仪、心血管检测仪之类。一问之下,尤太太才知道,母亲在这些各式各样的保健品上,已经花费了近十万元。

尤太太非常惊讶,自己的母亲并非那些没有受过教育的无知妇孺,退休前她是大学教授,知识丰富、头脑清晰,就算现在做事、说话也是井井有条,并不是那些能够轻易被人蒙骗的人。再加上老人家一向比较简朴,从不胡乱花钱,为什么竟然在这些产品上大肆挥霍呢?

问了母亲,尤太太才知道,这些产品都是同一个推销员上门推销给她的。尤太太直觉认为母亲遇到了骗子,赶紧劝告母亲,说那人显然是为了从母亲这里赚钱,购买太多这些产品没有必要。而且这些产品的真假且不论,但老人家一人单独在家,让年轻的陌生人进到家中来,实在危险,她叫老母亲以后别再让这个推销员进门了。

谁知老母亲听到女儿的话却发火了:"我一人独自在家,你们有时候半年也

不来看我一次。现在有个人经常来看看我，陪我说说话，我为什么要赶走他？"原来，这些推销员非常懂得独居老人的心理，老人独自生活，异常孤单，儿女们又不在身边，所以他们便常常过来陪伴老人，嘘寒问暖，有时还帮老人买东西之类。

就算不来，也一定会每天打电话慰问，一讲就是一个小时，陪着老人说说笑笑。老人爱回忆往事，但子女们多半不耐烦听老人讲过去的事，而这些推销员们却能耐心倾听老人的故事。所以对这些老人来说，他们已经成为比自己的儿女更亲密更值得信任的人。像尤太太的老母亲，其实很清楚这些保健品并无太大的实际用处，但她之所以一直持续的购买，就是为了有一个人能够经常地来看望她、陪伴她。

这些推销员所利用的，正是许多独居老人对关爱的渴望，而这背后反映出的却是家庭中亲情的缺失。这种打着情感牌的销售方式究竟可不可取，正是商业伦理学要讨论的问题。

作为应用伦理学的一个分支，商业伦理学在二十世纪下半叶才得到发展。一般认为，商业尽管有着追求利润的本性，但此本性并非就是不道德的，它也没有自己的特殊准则。相反，商业受到社会责任的约束，并且应按照社会一般伦理规则而行动。所以商业伦理学，也就是关于道德理论在商业运作中的应用学科，其目的就是为企业家的行为提供一个道德立场。

商业伦理学主要讨论三个层次的问题，即企业人、企业和企业共同体。对企业人而言,它处理个体雇员的道德责任和权利,诸如涉及到正直、诚实、工作条件、职业歧视等。对企业而言,则涉及到企业管理、生产安全、对消费者的责任、环境退化以及企业主、管理者和雇佣的关系。对企业共同体而言,它涉及到经济制度的道德合理性问题。

　　商业伦理学不是简单的伦理学,也不纯粹是企业管理学,而是要将二者有机地融合在一起,培养企业的道德思维和道德推理能力的一门学科。

小知识:

格奥尔格·卢卡奇(1885~1971)

　　匈牙利著名的哲学家和文学批评家。他以《历史和阶级意识》开启西方马克思主义思潮,被誉为西方马克思主义的创始人和奠基人。卢卡奇的《历史和阶级意识》和科尔施的《马克思主义和哲学》,被称为西方马克思主义的"圣经"。

77.“挑战者号”的失败
——工程伦理学

> 要是我们死亡,大家要把它当作一件寻常的普通事情,我们从事的是一种冒险的事业。万一发生意外,不要耽搁计划的进展。征服太空是值得冒险的。——格里索姆

1986 年 1 月 28 日,美国肯尼迪太空中心卡纳维尔角,一千多名观众翘首以待,都在热切期待着航天飞机"挑战者号"的升空。

"挑战者号"是美国正式使用的第二架航天飞机,从 1983 年 4 月开始执行首次飞行任务,之后已经陆续执行了九次航行任务,全部顺利完成。这次已经是"挑战者号"的第十次航行任务了,所有人都信心满满,对这次的航行任务充满期待。

整架航天飞机上搭载了七名航天员,其中包括两名女性航天员。而更特别的是,这次的航天飞机上还搭载了一名教师麦考利夫。麦考利夫是两年前太空总署特别从全美一万多名教师中精心挑选出来的,计划在太空中为全国中小学生讲授有关太空和飞行的科普课程,经过两年多的训练,顺利加入到"挑战者号"的飞行任务当中。她也是美国第一个参与到航天飞行中的美国公民。在发射台外的上千名观众中,麦考利夫的十多名学生也受到邀请,在观看的行列之中。能够亲眼见到自己日夜相处的老师登上太空,对孩子们来说是从来没有过的新鲜体验,令他们兴奋不已。

"挑战者号"太空机失事后的纪念宣传画

当发射时间到来,亲眼见到载着他们老师的航天飞机升空时,听到那巨大的轰鸣,看见喷射出的浓烟,孩子们激动得又跳又叫。按照既定程序,"挑战者号"顺利上升,发射五十秒之后,航天飞机已经到达了八千公尺的高空,航速已经达到了每秒 677 米。但就在这时,地面有人发现航天飞机右侧固体助推器侧部冒出一丝丝白烟,但这个情况却没能引起足够的重视。升空后 72 秒,航天飞机忽然闪耀出明亮的白光,燃料箱立刻爆炸,"挑战者号"很快被炸得粉碎。

"挑战者号"的碎片整整一个小时才全部散落,七名航天员全部遇难,这次事件震惊了全美国乃至全世界。事故发生后,美国迅速成立一个委员会,调查失事原因。委员会访问了数百名相关人士,查阅了十万页文件,最后写成了长达数万页的调查报告,报告认为,寒冷的天气和液态火箭推进器上的缺陷是造成这次爆炸事故的直接因素。

航天飞机发射时气温过低,雨水冻结后造成固定右副燃料舱的 O 形环硬化失效,导致点火时 O 形环无法及时膨胀,后来因为火焰的灼烧脱落,进而造成主燃料舱底部脱落。加上一股强气流的来临使火焰喷射在主燃料舱上,航天飞机的机鼻也撞上了主燃料舱的顶部,最终导致爆炸。

而更令人惋惜的是,这次事故本来是可以避免的。在发射前十三个小时,就有一位工程师向上级反映,指出了"挑战者号"在上次的发射中就差点因为 O 形环的失效发生事故,但发射中心却因为急于完成这一次的航行,忽略了这位工程师的提醒。而在发射前三十分钟,一架飞机也报告了这股强气流的存在,也没能得到相关部门的重视。

"挑战者号"的失败成为了美国人心中永远的痛,而这次事件也使得人们开始关注到伦理学中一个新的研究方向,那就是工程伦理学。

随着时代的进步,人们已经越来越无法摆脱科技对我们的影响,科技为我们带来了便捷丰富的生活,但同时也造成不少诸如环境破坏之类的负面影响,并最终危及到人类自身。而某些影响巨大的事故更是引起很多人对技术的强烈谴责和批评,比如上面的"挑战者号"失事,因此不少的科学家开始对自己的工作进行伦理学层面上的反思,工程伦理学也应运而生。

工程伦理学认为,"工程师的首要义务是把人类的安全、健康、福祉放在至高无上的地位"。它们要求加强工程师的职业责任,规范工程师的行为,反省自身工程中的伦理问题,将增加人类福利作为最终目的。其三个最基本原则是能力、责任和保证公众的安全。

工程伦理学的研究方法主要有两种：一是典型真实事件的案例研究方法，比如上面提到的"挑战者号"；二是对于涉及到工程实践活动的一些基本概念和原则的理论分析。当然，两种研究方法可以互相结合，将实际案例和理论分析融合起来，更具说服力。

到了今天，工程伦理学中最热门的问题大概包括以下几个方面，一是计算机伦理问题，二是环境伦理问题，三是工程应用的国际问题。

小知识：

王守仁（1472～1529）

明朝最著名的思想家、哲学家、文学家和军事家，陆王心学之集大成者。他的哲学观念可以归纳为"无善无恶心之体，有善有恶意之动。知善知恶是良知，为善去恶是格物"，以及"知行合一"、"心外无理"等主观唯心主义哲学。

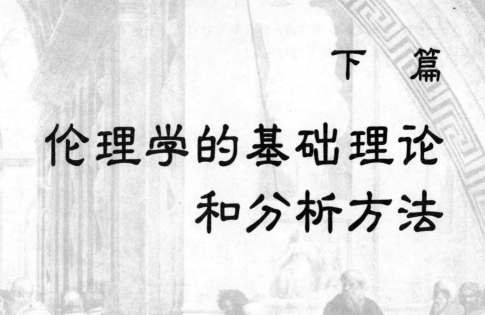

下 篇

伦理学的基础理论和分析方法

78.丁龙讲座
——道德

> 道德是一个人所在国家的风俗习惯：在吃人的国家里，吃人是合乎道德的。——勃特勒

清朝末年，数十万华人为了生计远离故乡来到美国淘金，希望有朝一日能够衣锦还乡。可惜他们并不能被美国社会所接纳，只能够从事最为低贱的工作，也无法获得公民的权利。当时，大部分的华人都成为修建铁路的苦工，也有一部分在当地的富人家中帮佣，在这些帮佣中就有一个叫丁龙的。

丁龙十八岁就来到美国，给一个叫贺拉斯·沃尔普·卡朋蒂埃的富豪做随从。这位卡朋蒂埃是当地一个著名的人物，以富有、暴躁的性格和狡诈闻名。卡朋蒂埃出身于一个普通的皮匠家庭，1850年毕业于哥伦比亚大学法学院，因为成绩出色，他很快就成为了一名优秀的律师。1849年加州发现金矿，兴起了淘金热，卡朋蒂埃敏锐地发现了其中的商机，立刻前往加州发展。之后，卡朋蒂埃创办了加州银行并自任总裁，不久他又在当地建立起一座全新的城市，并取名奥克兰。为了成为奥克兰的市长，卡朋蒂埃可谓不择手段，在他参与竞选奥克兰市长的竞争中，他所获得的选票竟然比整个奥克兰市的人口还要多，可见其人的狡诈。

依靠财富和阴谋，卡朋蒂埃顺理成章地成为奥克兰的市长。在他担任市长期间，他用尽一切方法敛财，规定所有经过奥克兰水域的人都要支付相应的费用，并将当地的许多土地圈起来归自己所有，又转手将其卖给中太平洋铁路公司，进而换得了该公司的大量股票。此外，他还兼任欧弗兰电报公司和加州电报公司的总裁，也是另外几个铁路公司的董事会成员，就这样，卡朋蒂埃聚敛了大量的财富，成为加州最知名的富豪之一。

1870年代，卡朋蒂埃的随从中多了一个默默无闻的中国人，他就是丁龙。丁龙是个温和本分的中国人，待人谦逊友善，从不与人交恶，对他人非常友好，做起事来也勤勤奋奋。卡朋蒂埃脾气暴躁，只要稍不合意就破口大骂，有时甚至会动手打

人,经常会有仆人因为忍受不了他的臭脾气而离开,但丁龙却足足跟了他几十年,可见其性格的安静沉稳。后来,因为丁龙做事负责,加上性格和善,卡朋蒂埃将他提升为自己的管家,为自己管理家中事务。

而真正让卡朋蒂埃开始了解丁龙却是由于一场火灾。有一次,卡朋蒂埃喝醉酒后克制不住自己的坏脾气,将自己所有的仆人都打跑了,身为管家的丁龙也被他当场解雇,赶了出去。事情发生后没几天,卡朋蒂埃的寓所却意外发生了火灾,大火烧掉了卡朋蒂埃的房子,此时的卡朋蒂埃独自一人,身边没有一个能帮得上忙的人,让他十分狼狈。就在这时,丁龙却忽然出现了,并表示自己可以回到卡朋蒂埃身边帮助他。卡朋蒂埃非常惊讶,同时又有些后悔当初对丁龙的粗暴,便问丁龙为何还要回来帮助他。丁龙说,自己的父亲教过他圣人孔夫子的话,孔子说过一定要讲道义,虽然卡朋蒂埃性格暴躁,但毕竟他们主仆一场,既然跟随过一个人,就应该尽到责任,卡朋蒂埃现在出了事,他当然应该过来帮忙。

听到这里,卡朋蒂埃非常惊讶,他发现自己以前低估了这个沉默寡言的中国人,于是他问丁龙是否读过书。丁龙告诉他自己并不识字,而且自己的祖辈也都是文盲,这些话都是一代一代传下来的。卡朋蒂埃更加惊奇,为什么这些完全没有读过书的人能够一代代传承下如此深刻的道理呢?他开始对丁龙另眼相看。卡朋蒂埃诚恳地向丁龙道歉,并表示一定会克制自己的脾气。从此以后,丁龙就一直留在了卡朋蒂埃身边,而他的身份,也从曾经的中国帮佣变成了伙伴。

后来,为了报答丁龙的忠诚和陪伴,卡朋蒂埃决定满足丁龙一个愿望,出乎他意料的是,丁龙的愿望并非任何物质上的回报,而是希望在哥伦比亚大学设立一个汉学讲座,让更多的人了解中国文化。

丁龙的行为再一次震惊了卡朋蒂埃,为了满足他的心愿,卡朋蒂埃向哥伦比亚大学捐赠了十万美元,希望"筹建一个中国语言、文学、宗教和法律的科系,并愿以'丁龙汉学讲座教授'为之命名"。而丁龙也将自己毕生的大部分积蓄一万两千美元同时捐给了哥伦比亚大学,希望能建立起他渴望的汉学系。

当时的校长对于以一个中国仆佣的名字来命名这个教席还十分的犹豫,于是卡朋蒂埃写信给校长,力赞丁龙高贵的品德,他在信中写道:"虽然他是个异教徒,但却是一个正直、温和、谨慎、勇敢和友善的人。""丁龙的身份没有任何问题。他不是一个神话,而是真人真事。而且我可以这样说,在我有幸遇到的出身寒微但却生性高贵的绅士中,如果真有那种天性善良、从不伤害别人的人,他就是一个。"同时他还强调,人们有责任去了解中国,"我不是中国人,也不是中国人的子孙,也不是残酷和落后的中国的辩护者。其统治者的罪恶使得它在行进途中蹒跚跟跄、步履艰难。但是对我们而言,是应该去更多了解住在东亚及其周边岛屿上大约七亿人

晚清时期留着辫子的中国人

们的时候。在我们模糊的概念中,他们似乎只是抽食鸦片、留着猪尾巴一样的辫子的野蛮的族群或崇拜魔鬼的未开化的人……"终于,哥伦比亚大学建立起了东亚学系,而这也是美国最早开始研究东亚文化的学系之一。

今天的丁龙讲座,已经成为美国最著名的东亚文学研究基地,而丁龙这个名字,也将随之永远被人们所铭记。尽管我们甚至无法确定他是否就叫丁龙这个名字,但确定无疑的是,他拥有的是不会被磨灭的高贵灵魂。

道德是伦理学上最基本也最重要的概念之一。道德指的是一种社会意识形态,是人们共同生活及其行为的准则和规范,它代表着社会正面价值取向,能够判断人的行为正当与否。它是以善恶评价为标准,依靠社会舆论、传统习俗和人的内心信念的力量来调整人们之间相互关系的行为规范的总和。

道德贯穿于社会生活的各个方面,它透过确立一定的善恶标准和行为准则,来约束人们的相互关系和个人行为,调节社会关系,并与法一起对社会生活的正常秩序起保障作用。

道德是一种巨大的意志力量,是人以评价来把握现实的一种方式,能够引导人们认识自己,实现对自我、他人和社会的责任和义务,认识社会生活的规律和原则,进而正确选择自己的行为,最终达到至善。道德能够调节人与人之间的关系,纠正人们的行为,使个人与个人、个人与社会的关系和谐。

小知识:

约翰·朗肖·奥斯汀(1911～1960)

英国哲学家,牛津日常语言学派的代表人物之一。他深受摩尔和维特根斯坦哲学的影响,在研究哲学时从对日常语言的仔细分析入手。在语言哲学方面,反对把意义看做一种实体,认为命题的真实性在于它与有关事实相符。奥斯汀影响最大的理论是言语行为理论。代表作《哲学论文集》、《感觉和可感觉物》。

79. 复活——良心

聂赫留朵夫是个年轻的公爵，过着精致而讲究的生活，周旋于拥有同样地位的贵族之中的他整日无所事事，没有目标，对于生活也早已失去了曾经的热情。某一天，身为莫斯科地方法院陪审员的他参加一次审判，在受审的罪犯中，他却意外发现一张熟悉的面孔，十年前他曾经深爱过的少女玛丝洛娃。

十年之前的聂赫留朵夫还是个充满热情、抱着崇高理想的年轻人，他是斯宾塞的忠实信徒，反对土地私有，要求把土地都分给农民，并身体力行，放弃了父亲留给自己的产业。当年，年轻的聂赫留朵夫到自己姑母的庄园去度假，认识了姑母的养女兼侍女玛丝洛娃。善良热情的聂赫留朵夫和纯洁的玛丝洛娃很快便熟悉起来，两人一起玩乐、谈天说地，感情真挚而单纯。不久，聂赫留朵夫的暑期结束，离开了庄园，也告别了玛丝洛娃。

三年之后，成为军官的聂赫留朵夫再次路过姑母的庄园。此时的他早已不是当初那个善良单纯的年轻人，当理想屡屡被他人打击和嘲笑，聂赫留朵夫选择了随波逐流，他开始像其他的贵族一样挥霍金钱，在酗酒、赌博、女人中消耗着自己的生命，成为一个彻底的利己主义者。与玛丝洛娃的再次相遇让他回忆起当年那份纯净且珍贵的感情，但很快，自私的情欲在他的内心深处占了上风，在临走前，他卑劣地占有了玛丝洛娃的身体，并在留下一百卢布之后，心安理得地抛弃了她。

聂赫留朵夫走后，玛丝洛娃发现自己怀孕了。她不知道如何面对这令人羞愧的情况，变得暴躁烦闷，并离开了庄园。她独自产下婴儿，但孩子刚出生没多久便死去。之后玛丝洛娃开始到别人家中帮佣，却总是逃不过那些别有用心的男人对她的骚扰，后来她做了别人的情妇，却又因为爱上一个店员而离开。但随即她又被店员抛弃，最终沦落为一名妓女。七年之后，因为客人的意外死亡，她被指控毒杀了这位商人，进而在法庭上与聂赫留朵夫意外相遇。

看到玛丝洛娃那曾经令他心动的乌黑眼眸,面对着她被判有罪后的哭泣,聂赫留朵夫的心灵开始慢慢复苏,他回忆起曾经那么正直无邪的自己,并开始审视今天的自我。他清醒地认识到,自己处在一个糜烂而荒淫的世界,于是他决定拯救玛丝洛娃,也拯救他自己。

聂赫留朵夫搬出了自己的大宅,将土地分散,在彼得堡为玛丝洛娃奔走。他去探望玛丝洛娃,表示要提供帮助,甚至还要与她结婚,为自己赎罪。玛丝洛娃无法原谅聂赫留朵夫曾经对她犯下的罪恶,指责他是想利用自己赎罪,于是聂赫留朵夫努力改变她的处境,并转而帮助玛丝洛娃的男友。玛丝洛娃看到聂赫留朵夫的诚恳,也振作起来,戒烟戒酒,努力学好。

然而,尽管聂赫留朵夫用尽全力为玛丝洛娃奔走,却无法改变玛丝洛娃被判刑的命运,玛丝洛娃还是被流放西伯利亚。聂赫留朵夫决定跟随玛丝洛娃前往西伯利亚,在途中,玛丝洛娃被政治犯高贵的情操所感染,终于原谅了聂赫留朵夫,而为了聂赫留朵夫的幸福,她更决定不接受聂赫留朵夫要与自己结婚的要求,嫁给了体贴照顾自己的西蒙松。

就这样,聂赫留朵夫找回曾经善良正直的自己,玛丝洛娃也获得自身灵魂的救赎。复活的,是两个人的精神和道德。

包尔生说:"履行善就意味着履行义务,而我们的义务看来并不符合自然的意志,因此在义务和爱好之间就有一种冲突。在行动之前,义务的情感反对爱好;它作为阻止物而活动;在行动之后,如果爱好在行动中胜过了义务的情感,义务就做出谴责。对于我们本性中这种反对爱好和在责任和义务的情感中表现自己的东西,我们称之为良心。"

所谓良心,就是被社会现实所普遍认可并被自己所认同的行为规范和价值标准,它是人们对自己行为的是非善恶的判断,以及应当承担的道德责任的一种稳定的自觉意识。

良心是道德情感的基本形式,是人心中的内在法则,也是个人自律的表现。良心给了人以内在的权威和标准来裁决自身的对错,进而阻止人去有意为恶,鼓励人积极为善,并且促使人对自己过去的所作所为进一步深刻反省,进而强化自己的责任意识或悔过要求。道德生活最终的出发点就是良心,它是道德秩序的保证。

良心的自我发现有两个结果:要么从自己既有的作为中获得精神的安慰,要么对自己过去的作为后悔内疚。

80. 脸上的烙印
——名誉

> 荣誉这东西,不会给一个偷窃它但配不上它的人带来愉快,它只有在一个配得上它的人的心里才会引起不断的颤动。——果戈理

有两个人因为一时的贪欲去偷羊,结果被人抓到,送到法庭。法庭依照法令在他们的脸上刺上 ST 两个字母,并准备将两人流放。他们的家人想法筹钱将他们赎回,但刺在额头上的两个字母却永远也无法去掉。

ST 实际上就是"sheepthief"(偷羊贼)的缩写,有这两个字母刻在额头上,无疑是在时时刻刻提醒人们这两个人曾经犯下的错误,告诉人们这是两个偷窃者。这样的刑罚对当时的人来说是最有效的惩罚,因为没有人愿意被人时刻以对待小偷的眼光看待自己,也就不敢试图偷窃。但对这两个人来说,他们要面对的是今后的生活中无数的鄙夷和羞辱,永远都无法抬起头来做人。

两个人其中之一对自己额头上罪犯的标志非常羞愧,每天当他从镜子中看到自己的额头上的烙印,就变得畏缩起来,如果出门,他会觉得所有人的眼睛都盯着他,所有的目光都集中在他那耻辱的标志上,让他抬不起头来。渐渐地他再也不敢出门了,整天窝在家中不敢见人,但就算是待在家中,他还是觉得家人同样用鄙夷的眼神看着自己,最后终于忍受不了这种心理上的煎熬,离家出走了。

离开家乡的他希望能够找到一个没人认识自己的地方重新开始生活,但无论他走到哪里,人家都会首先看到他额头上的烙印,还会有些陌生人好奇地追问他那两个字母是什么意思。他不敢回答人家的问题,也就不敢与他人交往,每天都生活在过去的阴影中,痛苦不堪。无法面对现实的他只能不断流浪,希望能够寻找到无人的地方,让他重新开始,终于,这个可怜人郁郁而终,寂寞地死在无人的荒野,再也不必担心别人的目光。

另外一个偷羊人同样承受着无数异样的目光,还有一些人会毫不留情地讥讽他、取笑他,但他并没有像另一个人那样逃离故乡,却坚持留了下来。他告诉自己,

虽然自己有过不光彩的过去,但他不能逃避,他要依靠自己的努力赢回被自己亲手葬送的名誉,重新获得众人的尊重。

从此之后,他开始更加努力地工作,依靠自己的双手获取收成,此外,他还毫无保留地帮助自己身边的人,只要人家有困难,他都会义不容辞地主动帮忙。渐渐地,他成为了当地有名的大善人,人们有什么需要帮助都会第一时间想到他,当地人提起他都会异口同声地称赞他。此时,虽然他额头上的烙印依旧清晰,但已经没有人注意到它是个罪犯的标志,也不再有人提起。

时间一天天地过去,他也从一个年轻人变成了一位白发苍苍的老人,也成为了当地最为德高望重的人。有一天,一个陌生人来到此地,看到这位老人额头上的两个字母,非常好奇,便问当地人那是什么意思,当地的人告诉他:"那是很多年前的事了,我也不记得到底是怎么回事,但是我们都相信,那肯定是'圣徒'(saint)的缩写。"

名誉就是一种受到尊重的状态,它是一定的社会或集团对一个人履行社会义务的道德行为的肯定和奖励,它归因于某人的社会地位,或是某一种成就。

荣誉的道德价值和是否应在道德上追求它,一直是一个引起争论的问题。对亚里士多德来说,人格伟大的人应当追求它,否则他就会表现出一种软弱或不足。但在基督教伦理学中,谦卑是主要的德行,而荣誉则应被归之于上帝。到了霍布斯这里,他相信对于荣誉的追求是一种人的基本欲求,在道德上是中性的,给予某人荣誉等于是尊敬那个人。我们有职责使他人有荣誉,使自己有荣誉。

小知识:

雷蒙·阿隆(1905～1983)

法国哲学家、社会学家和政治评论家。他研究政治体制的不同之处在于,他试图去理解不同政治体制的内在逻辑。认为政治体制决定着共同体的类型。代表作有《历史哲学引论》、《大分裂》、《连锁战争》等。

81. 举贤不避亲
——公正与公平

不能制约自己的人,不能称之为自由的人。——毕达哥拉斯

春秋时期,晋国有一位名叫祁奚的中军尉,因为年事已高,便向晋悼公请辞,打算回家颐养天年。晋悼公同意了他的请辞,临行前问祁奚,如果他退下来的话,那么他认为谁能够接替中军尉的职位呢? 祁奚回答说:"解狐能胜任这个职位。"晋悼公非常惊讶,他知道祁奚和解狐一向不和,怎么推荐起自己的对手来了呢? 于是他问:"解狐不是你的仇人吗?"祁奚平静地回答:"王只是问我谁能胜任这个职位,又没有问谁是我的仇人。我相信解狐是最适合这个职位的人。"晋悼公见祁奚能够不计前嫌推荐解狐,对他肃然起敬,也十分信任他,便任命解狐继任中军尉的职位。

谁知解狐没多久就因病而卒,于是晋悼公又找到祁奚,问他谁能够继任解狐的职位,担任中军尉。祁奚说:"我认为祁午能够胜任这个职位。"晋悼公大感意外,问道:"祁午不是你的儿子吗?"祁奚淡然地回答道:"您只是问我谁能胜任这个职位,并没有问我谁是我的儿子啊!"

外举不避仇,内举不避亲,祁奚以他公正不阿的态度赢得了晋悼公乃至所有人的尊重,也让这个并没有什么实际政绩的人成为了历史上公正的代表。

在历史上,举贤不避亲的人物还有一个,那就是魏晋时期的谢安。当时,前秦苻坚已基本统一北方,对偏安江东的东晋虎视眈眈,两者实力相差悬殊,东晋岌岌可危。东晋之前的大司马桓温久经沙场、善于用兵,而继任的谢安是个文官,虽然将国家治理的井井有条,但他不懂军事,无法带兵。

关键时刻,谢安推举自己的侄子谢玄出任大将,带兵御敌,当时所有的人都无法理解他推举自己亲人任职的行为,认定他假公济私。但事实证明,谢安的选择没有错,谢玄任职之后,很快建立起制度严明的北府军,并在淝水之战中一举打败号称百万大军的前秦,进而保证了东晋的安全。此战之后人们才明白,谢安推举自己的侄子,完全是出于推举贤明的要求,并没有任何自私的想法。

191

清朝画家苏六朋的《东山报捷图》就是对淝水之战的一个侧面描述。

从此之后,谢安贤明公正的名声也就传扬在外,为后人所敬仰。

公正,就是在一种平等的基础上对待自己和他人的德行,是道德的基本特征。

正义最基本和最重要的概念就是公平。公平的概念也为义务提供了一个独立的来源,如果某人参与和受益于一个为规则所支配的、合作的和公正的社会,他就有职责遵守这些规则,这就是公平原则。

亚里士多德最早区分了正义的一般和特殊概念,认为前者是对规则的服从,后者是对荣誉与金钱的公平分配。而现在伦理学中对公平的讨论则是直接针对功利主义的,因为功利主义强调一种既定的后果状态中的效果总量,但忽视了这种效果在个人之间的分配是否公平的问题。

小知识:

恩斯特·马赫(1838~1916)

奥地利物理学家、哲学家,经验批判主义的创始人之一。他是唯心主义的逻辑实证论者。他否认气体动力论和原子、分子的真实性。

82. 汽水的味道
——幸福

> 理想的人物不仅要在物质需要的满足上,还要在精神旨趣的满足上得到表现。——黑格尔

帕里斯是个事业有成的银行家,这天是他六十五岁的生日,亲友们都赶来为他庆贺生日,就连报纸杂志的记者也都前来采访。

在金碧辉煌的大厅里,美酒佳肴、觥筹交错,被众多的朋友围绕着,满耳听到的都是祝福的话语,帕里斯开心不已。这时,一名记者见帕里斯心情不错,趁机奉承道:"帕里斯先生,你觉得一生之中最幸福的时刻是什么时候呢? 是不是就是现在这一刻?"帕里斯放下手中的酒杯,认真地说:"不,现在并不是我最开心的时候,这样的幸福对我来说很平常,我想我最幸福的时刻应该是我十三岁那年的圣诞节,我相信我一辈子也不会忘记那一天的。"

众人都愣住了。"或许你们愿意听听我这个故事。"帕里斯接着说:"在我小的时候,家里十分贫穷,我们常常连饭都吃不饱,更不用说可以买那些昂贵的零食。那时候刚刚有汽水这种东西,那些有钱人家的孩子会站在大街上喝汽水,然后长长地舒一口气。每次看到他们喝完汽水后吐气时那种志得意满的样子,我就羡慕得要死,想着如果有一天我也能喝上那种神奇的饮料,站在大街上对着人群长长地吐气,那该是多么幸福的一件事啊!"

"所以当母亲问我,想要什么圣诞礼物的时候,我毫不犹豫地说,想要一瓶神奇的汽水。虽然家里没有多余的钱给我买汽水,可是母亲还是答应我,等到圣诞节的时候,就给我买一瓶我渴望已久的汽水。"

"于是我天天期待着圣诞节的到来,而母亲为了给我买汽水,也开始更忙碌的工作。终于,圣诞节到了,就如我盼望已久的那样,当天的饭桌上,摆着一瓶我渴望了很久的汽水。"

"母亲微笑着为我打开汽水,把瓶子递给我。我兴奋而小心地喝了一口,慢慢

体会着汽水的味道——原来汽水是酸酸甜甜的。然后我等着,希望能够像那些孩子们一样,长长地吐出一口气来。"

"可是等了好久,始终吐不出气来。我很沮丧,母亲赶紧说:'一定是你喝太少了,你再多喝一点试试。'可是一瓶汽水并不多,要是我喝完了,母亲岂不是连尝尝的机会都没了? 我让母亲也尝一口,可是她说:'我早就喝过了,真的,这瓶是特地买给你的。'虽然我不相信母亲已经喝过汽水了,但她始终不肯尝一下。"

"于是我再喝了一大口,可是还是无法长长地吐气,就这样,直到我把整瓶汽水都喝完了,我也没能享受到那幸福的气。母亲忽然慌了,她自言自语道:'怎么会这样呢? 经理明明说那东西就是这种味道啊!'我看着瓶子,确实是那种能够让人吐气的汽水瓶。就在这时,母亲忽然抱住了我,哭着说:'对不起孩子,是妈妈欺骗了你,这里面的汽水其实是妈妈自己调的。'"

"原来,母亲原本是打算圣诞节发薪之后就给我买汽水的,可是圣诞节到来的时候,母亲公司的老板却告诉她公司亏本,要倒闭了,他根本没有钱再给母亲发薪水。母亲正为无法实现对我的诺言而伤感,却发现老板的桌上有个空的汽水瓶,于是她问老板,汽水是什么味道的。老板很奇怪,但还是告诉她,就是一种酸酸甜甜的味道,就好像醋和糖混合起来的味道一样。于是母亲向老板要来了那个空汽水瓶,她回到家,将醋和糖加到水里,果然是一种酸酸甜甜的味道,于是她想,也许汽水就是这么做的,这便是我喝到的汽水了。"

"听完母亲的话,我开始使劲地伸长脖子,拼命咽气,终于吐出了一口长长的气,我故作惊喜地告诉母亲,原来真的可以吐出气来,这酸酸甜甜的糖醋水就是汽水!"

"母亲带着泪痕问我,这是真的吗? 我坚决地说:'是的,这是真的,只要你想,你就能吐出气来。'听到这里,母亲把我紧紧搂进怀里。"

"所以,我现在最喜欢喝的饮料,就是自己调配的糖醋水。"

帕里斯的故事讲完了,宴会厅里的人们沉浸在这故事中久久无声。帕里斯端起酒杯对那名记者说道:"年轻人,生命的幸福不在于地位和财富,而是你所能享受到的亲情和关怀,所以有时候就算是一瓶普普通通的糖醋水,也能拥有人世间最幸福的味道。"

幸福从有哲学这一门学科开始,就是其中的重要范畴之一。

伦理学中的幸福概念最早可以追溯到亚里士多德的德行幸福论。亚里士多德认为,幸福就是最高的善,是一种合乎德行的现实活动,最高的幸福在于充分展现人的本质的理性的沉思的生活。

可以说，幸福是人生重大的快乐；是人生重大需要和欲望得到满足的心理体验；是人生重大目的得到实现的心理体验；是达到生存和发展的某种完满的心理体验。也可以说，幸福是一种终极价值。它和其他的东西不一样，不是一种手段，而是在所有具体的条件达到后呈现出整体性的价值状态。尽管幸福与财富、智力、地位等各种条件相关，但它绝不等同于这些外在的条件。

小知识：

谢林（1775～1854）

德国古典哲学的主要代表，客观唯心主义哲学家。起初他把康德与费希特的主观唯心主义转变为客观唯心主义，把他们的主观辩证法推广到外部世界，为黑格尔哲学体系的建立创造条件。但晚期则从包含合理内核的客观唯心论走向天主教神学。

83.伍子胥的复仇
——仁慈

　　伍子胥是春秋末年楚国人,先祖历代都在楚国做官。当时,楚平王的太子叫建,楚平王任命伍子胥的父亲伍奢做太子建的太傅,费无忌做少傅。费无忌是个见缝插针的小人,他受命到秦国为太子建娶亲,可是发现对方长相美丽,便赶紧回来报告楚平王说:"秦女貌美,王应该自己娶了她,再另外为太子选择妻子。"楚平王听了他的话,便自己娶了这个女人,还生下了一个名叫轸的儿子,而另外选了一个女子给太子为妻。

　　费无忌知道自己向楚平王献媚的行为肯定得罪了太子,害怕太子继位后对自己不利,于是便向楚平王进谗言,不停地诋毁太子建,使得楚平王疏远了太子建,将他派驻边城。之后费无忌还不放心,继续在楚平王面前散布谣言,说太子建因为秦女的缘故,对大王怨恨已久,他独自在外统率军队,和其他诸侯勾结,想要作乱。楚平王便把太傅伍奢召回来问话,伍奢知道是费无忌捣鬼,便极力向楚平王澄清,但楚平王不相信他,反而听信了费无忌的挑拨离间,将伍奢囚禁起来,并命令城父司马奋扬去诛杀太子建。太子建得到消息,逃往宋国。

　　得知太子逃走,费无忌又对楚平王说:"伍奢的两个儿子都很贤能,如果不杀掉他们,必然成为楚国的祸害,不妨用伍奢作为人质将他们诱骗来。"于是楚平王命令伍奢将自己的两个儿子叫来,伍奢说自己的长子伍尚宽厚仁慈,叫他他一定会来,但二子伍子胥桀骜不驯,他必定知道来了必死无疑,是不会来的。楚平王还是派人召二人前来,伍子胥认为这是楚平王的陷阱,不愿前去送死,兄长伍尚却明知是送死,还是决定前去陪伴父亲赴死,让伍子胥独自逃生。

　　伍子胥追随太子建逃到宋国,后因宋国华氏作乱,只好又逃到郑国。后来,太子打算和晋国合作灭掉郑国,却被郑国知晓,反而被杀。伍子胥只好带着太子之子胜逃到了吴国。伍子胥在吴国养精蓄锐,等到公子光刺杀了吴王僚,自立为王,他便再次出山,做了新吴王阖闾的亲信,为他处理国事。

在吴国执掌兵权之后,伍子胥立刻开始自己对楚国的复仇。他联合唐国、蔡国带兵进攻楚国,一直打到了郢都,逼得楚昭王仓皇出逃。因为没有抓住楚昭王,伍子胥心中的怨恨无法宣泄,竟然将楚平王的坟墓挖开,拖出他的尸体,鞭打了三百余次才罢手。听到这个消息,伍子胥当年的好友、楚国大臣申包胥派人转告伍子胥说:"你的报仇方式已经太过了。我听说'人众者胜天,天定亦能破人',你的行为太过偏激,违背天道,已经不能为天所容了。"但伍子胥并没有接受申包胥的劝告,坚持一意孤行。

多年之后,吴越相争,越国败北,向吴国俯首称臣,越王勾践卧薪尝胆,伺机报仇。为了除掉吴国的大将伍子胥,勾践便拼命讨好吴国太宰伯嚭,在吴王面前大肆抹黑伍子胥,终于令吴王逼迫伍子胥自刎。

很多人肯定伍子胥的忍辱负重的报仇行为,但他掘坟鞭尸太过狠毒,有违人性道德之基,完全丧失了仁慈之心。不知是否因倒行逆施的行为,最终也让自己落下个不得善终的下场。

仁慈,就是具有高度理智性和超越性的爱心和宽恕的伦理精神和道德原则,就是对他人的感情、对他人的善的一种欲望,或一种如此行动进而促进他人幸福的一种性情。无论是东方伦理中的儒家三德——"智、仁、勇",还是西方伦理中的基督教的神学三德——"信、望、爱",都把仁慈列为核心伦理范畴之一。

仁慈是一种利他主义的感情,它往往与"爱"、"同情"、"仁爱"或者"利他主义"相联系,它推动我们为了他人本身的缘故而为他人的利益去行动。某些道德哲学比如基督教伦理学、休谟的伦理学,尤其是功利主义伦理学,都把仁慈看作对于伦理学具有基本的意义的存在。

不过,在功利主义的论调下,人们一般把对自己利益的追求放在首位。如何解释在人性中普遍存在的仁慈和这种利他主义的基础,还存在着不小的争议。

小知识:

亚历山大·哥特利市·鲍姆嘉通(1714~1762)

德国启蒙运动时期的哲学家、美学家。他提出应当有一门新学科来专门研究感性认识,感性认识可以成为科学研究的对象,它和理性认识一样,也能够通向真理,提供知识。

84. 跑不掉的螃蟹
——欲望

> 人是万物的尺度，是存在者如何存在的尺度，也是非存在者的尺度。——普罗泰戈拉

如果仔细观察渔民捉螃蟹时的行为，会发现一个很有趣的现象：如果渔民捉到第一只螃蟹，他们会将盖子盖紧，防止螃蟹爬出跑掉，但如果渔民抓到了第二只螃蟹，他就不会再盖上盖子了。这是为什么呢？

一般来说，放螃蟹的是一个带有小盖子的竹篓，腹大口小。当有两只螃蟹同时被放入竹篓时，每一只都会争先恐后往笼口爬去，但竹篓的口很小，最多只有一只螃蟹能够通过。如果有一只螃蟹爬到竹篓口，那其他的螃蟹就会用钳子抓住它，阻止它出笼，直到将这只螃蟹拖到笼底为止。而这时其他的螃蟹就会立刻拼命向上爬去，希望能首先爬出竹篓，但每一只爬到竹篓口的螃蟹都会遭到同样的命运，被其他的螃蟹拖回竹篓。就这样，没有一只螃蟹能够逃离这个牢笼，而渔民也根本不需要盖上竹篓的盖子。

螃蟹的行为显然是出于逃生的欲望，但令人叹息的是，恰恰是自身欲望推动下的行为抹煞了自己生的可能。

在伦理学的概念中，欲望指的是各种需要和兴趣，尤其是与身体的愉快或某种性情需要相关的欲望，导致人们用行动来满足它们。

亚里士多德就曾经根据柏拉图的灵魂三分说，将欲望划分为三种不同的形式：

一、boulesis：一种被理解为对善的目标的希望或理性欲望。

二、thumos：对于那看来好像是善的目标的一种情感的或非理性的欲望。

三、epithumia：对于被认为是愉快的目标的情欲的或非理性的欲望。

　　而在现代伦理学中,欲望被划分为内在欲求和外在的欲求。内在欲望是指对某事的欲望是因它本身的缘故,即作为目的的存在;外在欲望是指对某事的欲求是作为以后目的的手段。

　　欲望一般被归为灵魂的情欲部分,但柏拉图相信,即使理性本身也有对善的欲望,而休谟则认为,欲望既不真也不假,既不是理性也不是非理性。

小知识:

　　米歇尔·福柯(1926～1984)

　　法国哲学家。他主要研究权力与知识的关系以及这个关系在不同的历史环境中的表现。他将历史分为一系列"认识",并将这个认识定义为一个文化内一定形式的权力分布。

85.无法长大的孩子
——尊严

人生最终的价值在于觉悟和思考的能力,而不只是在于生存。——亚里士多德

在英国,有一个叫阿什利的女孩,刚出生没多久,医生就发现她患了大脑疾病。因为疾病,阿什利无法说话,甚至连吞咽食物也很困难。这是个绝症,无法治疗,因此只能依靠药物和医疗器材维持阿什利的生命。

就这样,阿什利艰难地活到了六岁。但从此时开始,她的青春期征兆开始慢慢出现,生理特征也开始发育,她进入了成长期,而长大的阿什利就意味着会有更多的麻烦产生。青春期的一系列发育特征也将会影响到她的病情,很可能使病情恶化;而且体重的增加让她的父母很难将她移动,那也就意味着她只能待在房间里的床上,无法动弹。于是,阿什利的父母做出一个决定,要求医生将自己女儿的子宫摘除,并给她服用大量的雌性激素,以抑制她的身体发育。

也就是说,阿什利被医生动用技术手法,让她的身体永远停留在六岁时的状态。三年过去了,她一直都没能长大,她没有同年龄女孩子已经发育出来的乳房,身高再也不会超过 130 公分,体重也只有可怜的 34 公斤,看起来永远都是一个长不大的怪孩子。

阿什利的遭遇很快被媒体传了出去,人们在同情这个孩子不幸遭遇的同时,开始谴责起她父母的行为来。阿什利的父母解释说,他们选择这样的行为是因为如果女儿能够保持较小的身形,那么他们能够更好地照顾她,并且保持这样的体重可以让他们带她出去参加一些简单的聚会,使她接触其他人群,而不用整天待在家里。

然而,这样的解释并不能让大家满意。限制一个女孩子的生长发育并强行抑制她的生理特征对很多人来说都是一件残酷的事,不应该如此草率地做出这样的决定。再加上阿什利当时才六岁,也就是说这个决定并不是依照她的意愿做出的,

而是她父母强加给她的。对已经无法长大的阿什利来说,她也许永远都不能知道自己该如何选择,因为她已经失去了选择长大的权利。当她的头脑发育成熟的时候,面对着自己永如幼童般的身材,她会不会觉得这是一件残酷的事呢?也许阿什利换得了生命的继续,但她是否会觉得自己的尊严受到了损害呢?

尊严,人类的一个显著属性,一个与种族、性别、才能、财富、社会地位等不相关的可尊重对象,纯粹根植于理性与自主性,并为人权和自重提供理论根据。

人类尊严的概念最早在文艺复兴时期被加以强调,康德更是对其进行充分的阐述。如果一个行为者在道德上是真诚的,他就有着人格上的尊严,由于人类有尊严,他们必须自身被当作目的来对待,而不是作为其他目的的一个工具。

传统伦理学认为,人类的尊严是道德价值的基础,因此人类被视为道德考虑的唯一客体,但这一观念在当代伦理学中遭到挑战。功利主义者相信人类尊严不是至上的,它可以被侵犯,只要对它的侵犯可导致最好的后果。行为主义者和弗洛伊德则认为,大多数人类行为是出于欲望和性情,而不是受到理性的引导,所以人类尊贵的说法是不真实的。动物伦理学也认为,人类尊严这一观念是物种主义的产物。

小知识:

海巴夏(约 370～415)

世界上第一位杰出的女数学家、天文学家和哲学家。她的哲学继承了柏拉图,但以科学为基础,更学术化而不带宗教色彩。她以讲述柏拉图、亚里士多德及其他哲学家的论著而著名。

86. 埋儿奉母
——伦理行为事实

"埋儿奉母"是《二十四孝》中的一个故事，也是其中最引起争议的一个。

故事中的主角叫郭巨，是东汉年间隆虑人。郭巨家原本家境殷实，生活无忧，后来他的父亲去世，郭巨将家产分为两份，全都给了自己的两个弟弟，自己分毫不取，还将赡养母亲的责任接了过来。后来，因为没有积蓄，负担又重，郭巨家逐渐贫困，难以为继。正在这时，郭巨的妻子生下一个男婴，郭巨想到家中新添了人口，难以负担，怕会影响自己对母亲的供养，便对妻子说："本来我们家中就缺少衣食，对母亲的供奉已经不够，现在生下孩子，需要支出的更多，难免会影响对母亲的供养。不过儿子可以再生，但母亲过世了就不会再复活，不如我们将孩子埋掉，留下粮食供养母亲才好。"妻子心中不乐意，但知道郭巨一向固执，也不敢反对。两人便在屋后挖坑，打算将孩子埋掉，挖到地下两尺深的地方，忽然挖到了一个坛子。坛子上写着"天赐郭巨，官不得取，民不得夺"几个字，打开坛子，里面是满满一坛的黄金。有了这坛黄金，郭巨再也不必将自己的孩子杀死，也有了足够的钱财供养母亲了。

从这个故事中，可以清楚地看出现代人和古人对于伦理的不同理解。对于今天的人而言，故事中郭巨的行为难免令人生寒，为了母亲竟然要杀害亲儿，显然太过偏激。当然，对人命的漠视在今天更是应该受到刑事处罚。但在当时的情况下，父母亲杀子女是不用负责任的，因为子女是父母所生，所谓"身体发肤受之父母"，父母亲对子女是有绝对处置权的。而子女如果弑父、弑母，则不光要判重罪，更是要被人人所唾弃。

这是因为在儒家传统的伦理道德中，父母亲是绝对的权威，是不可抗拒和反对的，即使有不同意见都不会被允许，何况是杀害自己的亲生父母。对父母的孝顺和忠于国家是处在相同等级的人生重责，是每个人必须遵守的首要伦理道德，所以郭巨试图杀害自己亲儿的行为反而得到了正统儒家道德的承认和认可,还被列入了二十四孝当中。这样的伦理行为事实该如何判定,在不同的规范下显然会有截然不同的结论。

只要某一行为进入社会领域,与他人和社会发生了联系,那么这一行为就必然要受到社会的一定行为准则和行为规范的制约。如果它具有道德意义,可以对其进行善恶的评价,这种行为就被称为道德行为,亦即伦理行为事实。也可以说,伦理行为事实就是在一定的道德意识支配下所表现出来的有利或有害于他人和社会的行为,亦即主要是出于一定的道德动机并能产生一定的道德效果的行为。

按照伦理行为事实对于道德目的、道德终极标准是否符合这一标准,人类的全部伦理行为事实可以分为四大种类:

一、纯粹利他和利己的行为,包括完全利他、完全利己、为己利他、为他利己四种。

二、纯粹害他和害己的行为,包括目的害他(利己以害他、利他以害他、损己以害人、完全害人)和目的害己(利己以害己、利他以害己、完全害己、害人害己)。

三、己、他内部利害混合行为,包括害己以利己与害他以利他两种。

四、己、他外部利害混合行为,包括自我牺牲与损人利己两种。

小知识:

约翰·斯图亚特·穆勒(1806~1873)

英国著名哲学家和经济学家,十九世纪影响力极大的古典自由主义思想家。他认为由于人类难免犯错,自由讨论才是最有可能发现新真理的途径,而对任何探究的封杀和排斥,都会对人类造成损失,因而都是不明智的。其个人自由观念是建立在"最大多数人的最大幸福"这一功利主义原则之上的。

87.父亲的尸体
——文化相对主义

> 一切利己的生活，都是非理性的、动物的生活。——列夫·托尔斯泰

大流士是公元前五百多年波斯帝国的国王，他前后进行十八次战役，平定了国内的战乱，战功卓著。他制订了各行省的贡赋，并统一度量衡，开启了著名的大流士改革。同时，好大喜功的他四处征战，将印度河流域、黑海海峡和色雷斯一带全部纳入自己的版图，建立了历史上第一个跨越亚非欧三大洲的庞大帝国，征服了世界五大文明发源地的其中之三。不同的文明被收纳到同一个君主的统治之下，其中难免会发生不同风俗习惯的碰撞与摩擦，而当时就发生了一个著名的故事：

大流士是个傲慢且自以为是的人，经常拿身边的人取乐。有一天，他一时兴起，将在宫中服侍的希腊人叫来，问给他们多少金币他们就会愿意吃掉他们去世的父亲的尸体。希腊人大惊失色，按照他们的习俗，人死后是必须火葬的，于是他们回答说："王，无论给我们多少的金币，无论什么样的情况，我们都不会做这样的事。"

听到这里，大流士随即召来了卡拉提耶人，卡拉提耶人是印度的一个民族，这个民族习惯于在父亲死后吃掉父亲的尸体，因为他们相信这样能够吸收到长辈的智慧和力量。大流士问卡拉提耶人，给他们多少金币他们愿意将自己的亡父火葬，听到这个问题，卡拉提耶人发出了惊恐的叫声，恳求大流士不要再说这么可怕、亵渎的话。

这个故事记载在著名的历史学家希罗多德的著作《历史》中，他对此下结论说：世界就是这样的。而我们也可以说，世界就是这样的，你以为是正确的事，但到了另外的一种文明当中也许是可怕的。而道德有时候也是如此，它原本就是人们在长期集体生活中所形成的某种公认的规定，而这一规定本身就是人定的，它并没有一个放诸四海而皆准的标准。

有很多伦理学家认为，不同社会存在着不同的习俗，不同的文化有着不同的道德规范，这就是"文化相对主义"。

文化相对主义是理解道德的关键。你不能认为一个民族的风俗是"对"还是"不对"，因为当你判断正确与否的时候，就表示你有了一个关于对错的标准，但实际上，这样的标准并不存在，每一个标准都是与文化联系在一起的。

当然，我们在几乎所有的社会中都能找到一些相同的规范，比如说几乎所有人都认为谋杀是一种错误的行为。这也告诉我们，不同文化带来的差异并不如我们有时所想的那么大，世界上还存在着一些所有社会必须共同拥有的道德规范，因为这些规范对社会存在是必要的。

小知识：

阿芬那留斯（1843～1896）

十九世纪德国哲学家，经验批判主义创始人之一。他认为唯物主义和唯心主义把自我与非我、主体与客体置于相互对立的地位，扭曲了自然世界的面目，他的哲学旨在克服二元论，恢复统一的世界图景。他认为自然界中并不存在物理的或心理的东西，只存在"第三种东西"，即"纯粹经验"，这是一种非心非物的中性要素。

88. 郑伯克段于鄢
——行动与忽略

> 我放弃以前的某个观点，并不是要用它换得另一个观点，只因为甚至再以前的观点，都无非是沿路的一个个驿站。思最恒久之物是道路。——海德格尔

　　春秋年间，郑武公娶了武姜做妻子，生下后来的郑庄公和共叔段。姜氏生郑庄公的时候难产，受到了惊吓，于是她便为这个儿子取名寤生（难产），从此之后十分厌恶他。后来姜氏生下了小儿子共叔段，十分偏爱，几次向武公要求改立共叔段为世子，但郑武公都不肯答应。

　　后来，寤生继位成了郑庄公，姜氏便向他要求将制封给小儿共叔段做封地，郑庄公说："制是个险要的地方，以前虢叔就死在那里，还是另外选一个地方吧！"姜氏见他不准，便要求将京封给共叔段让他居住。得知此事，大臣祭仲对郑庄公说："如果都城过百雉，那将是国家祸患。先王的制度说过，大的封属不能超过国都的三分之一，中者不过五分之一，小的只能有九分之一。如今京的城墙太大，不合礼制，国君要小心才是。"郑庄公说："这是母亲的愿望，我怎么能够拒绝呢？"祭仲说："姜氏又哪里能够满足呢？还不如早点遏制他们的欲望，不要让他们的野心滋长，这样还可控制。野草滋生都很难铲除，何况他是君王的宠弟。"郑庄公却说："多行不义必自毙，你就等着看吧！"

　　之后，共叔段又把西鄙、北鄙放归囊中。公子吕知道了，对郑庄公说："国家是不能有两位君主的，您打算怎么做呢？如果您想将王位让给共叔段，那臣请求现在就让我服侍他吧！如果您不打算这么做，那臣请求您允许我为您除去他，不要让民心都转向他了。"郑庄公还是很冷静地说："不用担心，他这是自取灭亡。"于是共叔段更加嚣张，又将自己的属地扩大到了廪延。子封担心地说："好吧！现在他将要得到国家了。"郑庄公却说："不义之心，他一定不会成功的。"

　　共叔段集结了军队，决定袭击郑，姜氏则作为他的内应，为他偷偷开启城门。

郑庄公听到了这个消息,说:"时候到了。"命令子封带领两百乘讨伐共叔段。京地的人很快便反叛了共叔段,共叔段只能逃到鄢,郑庄公又命令军队进攻到鄢,最后共叔段便奔逃到了共。

平叛之后,郑庄公将姜氏放逐到了城颍,并发誓说:"不到黄泉,我是不会与你相见的。"不久郑庄公便后悔了,但话已说出却无法更改了。后来有位颍考叔面见郑庄公,郑庄公赐他酒食,他却将食物中的肉留了下来。郑庄公问他为什么不吃肉,他说:"小人的母亲从来未曾尝过国君的食物,所以我想留下来给母亲品尝。"听到这句话,郑庄公感叹道:"你也有母亲,唯独我没有。"颍考叔便问:"不知王为何要这么说呢?"郑庄公告诉了他缘故,并告诉他自己现在很后悔。颍考叔听了说:"王何必要担心呢?如果可以挖地三尺,挖到有泉水的地方,然后修起地道,便可以相见,谁又可以说您没有遵守誓言呢?"郑庄公听了大为高兴,便依计行事。进入地道之中,郑庄公开心地说:"大隧之中,其乐也融融!"姜氏出来后也说:"大隧之外,其乐也泄泄!"从此母子和好如初。

从上面的故事看,郑庄公仁孝公正,并无诟病之处,但却有一人有不同的看法,这个人就是孔子。据传孔子著《春秋》,关于这个故事就写了一句话,"郑伯克段于鄢",称郑庄公为伯,是讥讽他不能好好教导弟弟,有意放纵弟弟的叛逆行为,以便之后名正言顺地讨伐。这样的行为,并不符合孔子一贯仁、孝、忠、悌的理念,因此受到孔子的批判。

相信每个人都可以轻松解释行动与忽略的意义,而在伦理学上,行动就是去做某件事,而忽略就是在一定的环境下你有能力也有机会去做某件事,但出于某种原因却没有去做这件事。

比如在上面的故事中,孔子谴责的不是郑伯捉拿自己弟弟的行动,而是在之前他对自己弟弟所犯下的种种错误的故意忽略,他明明能够阻止自己的弟弟犯下更大的错误,却刻意不去做,尽管他没有任何不合理的行动,但对某些伦理学家来说,在道德上却一样是可谴责的。再比如说,如果一个人祈求安乐死,有人以行动杀死一个病人,这是行动,但如果一个人本来能够阻止这个行为却没有去做的话,这就是忽略。

一般而言,行为在道德上都是可谴责的,那么忽略呢?有关忽略的问题在伦理学上引起的分歧,并造成关于两者相区分的道德意义的一个长久的争论,效果论否定它,而义务论则坚持它。

89. 苏东坡与佛印
——道德价值

爱人者,人恒爱之;敬人者,人恒敬之。——孟子

宋朝词人苏东坡才华横溢、思虑敏捷,性格又豪爽开阔、幽默诙谐,是最令今人喜欢的文人之一。民间流传下来很多关于他的故事,其中尤以他与佛印禅师往来的故事最为有趣。

佛印是北宋金山寺的一位高僧,幼时三岁能诵《论语》,五岁背诗三千首,被称为神童,长大后入寺为僧,更是名闻天下。后来苏东坡被贬谪瓜州,听闻佛印的大名,上门拜访,两人一见如故,进而便成为了至交好友。又有传说认为佛印本是和苏东坡一样的文人,皇帝到寺中游览,佛印很好奇,想要看看皇帝长什么样子,苏东坡便出了个主意,让他剃发装扮成僧人,这样便能亲见皇帝。谁知皇帝在寺中见到佛印长身玉立、容颜清秀,在众僧人中卓尔不群,特意叫他出来问话。交谈之下,更见佛印谈吐出众,大为欢喜,便御赐他度牒。至此,为了避免欺君的罪名,佛印只能被迫出家,做了真正的僧人。不论史实为何,但佛印高僧的身份这一点是确定无疑的。

宋朝文人都喜佛,闲时喜欢以佛偈相互切磋,这也是凸显自身才学机智的一种方式。苏东坡反应机敏,又一心向佛,因此最善于机辩,但到了高僧佛印面前,有时却难免折戟沉沙。有一次,苏东坡研读佛教典籍颇有所得,兴之所至,写下一首诗偈,偈中写道:"稽首天中天,毫光照大千,八风吹不动,端坐紫金莲。"自己颇为

苏东坡的书法

得意，便叫家人将诗送往金山寺让佛印品评。佛印看完诗，立刻写了"放屁"两个字让来人带回去，苏东坡一见，大为恼怒，立刻乘舟过江，要找佛印一辩高下。苏东坡到了金山寺，却见佛印正微笑端坐着等他，见此情景，苏东坡忽然洞悉了一切，哈哈大笑，怎么自己号称八风吹不动，却轻易被人撩起了怒火呢？随即，苏东坡写下了"八风吹不动，一屁打过江"两句诗，作为对自己的嘲弄。

还有一次，苏东坡与佛印一同参禅，两人相对闭目而坐，良久睁开眼来。佛印问苏东坡："你看见了什么？"苏东坡想故意取笑佛印，便说："我看见我面前的是一堆屎。"然后他又问佛印："你看见了什么？"佛印说："我看见我面前有一尊佛。"苏东坡以为佛印在夸赞他，大为得意。回家后，苏东坡将此事告诉了自己的小妹，谁知道小妹笑着说："这次参禅是你输了。"苏东坡非常不解，连忙问是为什么，苏小妹说："参禅之时讲究明心见性，你心中有什么，就能见到什么。你看到的是屎，说明你心中有屎；而他看到的是佛，说明他心中有佛。"苏东坡这才恍然大悟。

有时候道德价值其实也是如此，你心中是佛，那它就是佛；但若你心中有屎，那它也就只能是屎了。

道德价值是人类社会道德关系的表现形式，是人们的道德实践和道德意识对一定的社会、阶级和个人所具有的意义，是指自由的行为主体在利他的动机支配下从事的行为能在一定程度上满足他人和社会的需要。它对一定社会和阶级的人的行为起着定向作用。在阶级社会中，道德价值具有鲜明的阶级性，不同阶级的人总是自觉不自觉地从本阶级的道德原则和规范出发，来衡量人们道德行为的价值。

小知识：

尼可罗·马基雅维利（1469～1527）

意大利的政治哲学家、音乐家、诗人和浪漫喜剧剧作家。他的思想核心是为达目的不择手段，绝对维护君主至高无上的权威。代表作《君主论》、《论蒂托·利瓦伊〈罗马史〉的最初十年》等。

90. 冒险转移
——集体责任

在一贯的观点里，大家都认为整体的决策能够综合大家的长处、集思广益，这样获得的结果一定会比个人所做出的决策更能避免风险、更加合理，但事实真是如此吗？实际上，有时候事实往往和想象有出入，当决策的人越多的时候，可能风险反而更大。这就是管理学上的一个有趣的命题——"冒险转移"。

有这样一个例子：有一个人因为重病需要动手术，但这个手术的成功率并不高，因此需要有人决定是否动手术。实验者找来了一批测试者，让他们分别独立决定是否能动手术，在 10%，30%，50%，70%，90% 这五个不同的手术成功率中选择。最后将所有测试的选择结果综合起来所得出的结论是：手术成功率在 50% 的时候就能够进行手术。

之后，实验者又聚集了这批测试者中的七个人，让他们聚在一起讨论，再决定在五个不同的手术成功率中进行选择。结果，这七个人在讨论后得出的结论是，成功率在 30% 的时候就可以动手术。

现在的结果是，当决策人数不再是单独一人而是一个群体的时候，手术的风险率就从 50% 增加到了 70%。也就是说，当决策者不再是单独一人而是一个组织的时候，所做出的决定并不是更为谨慎，反而是更大胆和激进了，这便是集体冒险现象。

这种行为在管理学中被称为"冒险转移"。之所以出现这种现象，原因很简单：在做出决定的时候，决策者是要承受一定的压力的，这一压力主要来自于决策失败后需要承受的后果。如果是一个人做出决策，那么他会意识到当事情失败，他必须独自承受接下来的责任。但如果一件事情由一个集体来决定时，每个人都会觉得事情的责任会分摊给每个人，这样自己并不需要独自承受，出于这样的心理，在做群体决策时，人们会比在独自决策时更趋于冒险，更勇于做出风险大的选择。

现代伦理学的传统是个人主义的,因为个人才是伦理考虑的关注点,一般情况下,一个团体的行为只有最终归结到个人的行为时才有道德意义。但现在有一种观点认为,在某些特定的环境下,我们有些时候无法将责任归结为个人,而必然是团体责任或者说是集体责任。比如说德国的纳粹时代,我们所指责的必然是作为一个群体的德国人,而无法指责一个人的行为。所以现在的问题是如何说明这种集体责任。

当责任被归于一个团体时,首先必须界定团体的定义,一般认为,所谓的团体不是个人的任意的集合,而必须是一个具有团体凝聚力和认同感的集体,它所有的成员都有着共同利益,有着对于团体的自豪或羞愧感。有时候我们指责这类群体时,并不是因为它的所有成员都做了错事,而是因为它的某些成员凭借他们的团体成员资格犯下了可谴责的恶行。

当然,因为有关团体和个人的联系、团体利益、团体权利等各方面的问题都还没有一个明确的结论,所以有关集体责任的道德探讨还处在争论之中。

小知识:

毕洛(约公元前 360 年~公元前 270 年)

怀疑主义的创始人。他否认现象的真实性和我们关于现象所做出的判断,认为我们不能说现象是什么,只能说它看起来是什么。他奉行沉默主义原则,因为既然现象是不真实的,我们无权做出关于现象的判断,那么最好的办法是保持沉默。

91.牛虻——必然论

阿瑟·勃尔顿出身于意大利一个富商的家中,因为母亲在家中一直受到自己异母兄嫂的折磨和侮辱,自己也不喜欢兄长,令他的生活异常压抑。直到就读于比萨神学院之后,学院院长蒙泰里尼神父对他关怀备至,让他感受到了父亲般的慈爱和温暖,而蒙泰里尼神父渊博的知识,又让他备感敬仰,让他成为了蒙泰里尼神父忠诚的信徒。其实阿瑟并不知道,他名义上虽是父亲勃尔顿与后妻所生,实则是母亲与比萨神学院院长蒙泰里尼神父偷情后生下的私生子。

当时的意大利正遭受奥地利的侵略,为了保护自己的祖国,青年意大利党在国内掀起了民族独立运动,年轻的阿瑟也被吸引,决定投身于轰轰烈烈的民族解放事业之中。蒙泰里尼神父知道阿瑟也参加了独立运动,十分不安,想方设法阻止阿瑟参加革命,但阿瑟却觉得教徒的信仰和为意大利的独立而奋斗是不矛盾的,并不接受蒙泰里尼神父的劝阻。

在青年意大利党的一次秘密集会中,阿瑟遇见少年时的伙伴琼玛,并不由自主地爱上了她。后来蒙泰里尼被调到罗马担任主教,新来的神父其实是警方的密探卡尔狄。在他的诱骗下,年轻的阿瑟在忏悔时透露了他们团体的行动计划和战友的名字,导致他们全部被捕。所有人都认为是阿瑟故意告密导致他们被捕,对他非常鄙夷,连他心爱的琼玛也误会了他,在愤怒之下打了他的耳光。

因为自己轻信他人而后悔莫及的阿瑟在痛苦中却得到了一个更令他震惊的消息,蒙泰里尼神父原来是他的亲生父亲。自己最尊敬的人居然欺骗了自己,这极端的痛苦令阿瑟再也无法忍受,他打破自己曾经觉得神圣无比的耶稣像,表示自己与教会彻底决裂,之后他伪装了自杀场景,逃到南美洲。

阿瑟在南美洲足足度过了十三年。这十三年里,他经历了无数的困苦和折磨,流浪生活中的种种考验使他成长起来，他再也不是当年那个幼稚轻信的年轻人，而是一个坚强且冷酷的"牛虻"了。牛虻以他辛辣的笔一针见血地指出了教会的骗局，指责以红衣主教蒙泰里尼为首的自由派实际上是教廷的忠实走狗，他的卓越眼光让他成为革命者心中的偶像，也赢得大家的信任。此时他又重遇了琼玛，但十三年的流亡生活已经改变了他的容貌，对方早已认不出他，他也没有向琼玛透露自己的真实身份。

牛虻和同伴们积极准备着起义，却因为消息泄露，在一次行动中被警察包围。牛虻努力掩护他的同伴们逃走，却因发现蒙泰里尼出现在现场而乱了方寸，他放下自己手中的枪，不幸被捕。

当局决定处死牛虻，蒙泰里尼来到狱中，希望能够以父子之情和放弃主教的条件劝服牛虻投诚，但牛虻却反而劝说蒙泰里尼，希望他在上帝（宗教）与儿子（革命）之间做出抉择。这对父子无论如何都不能放弃各自的信仰，终于，蒙泰里尼在牛虻的死刑判决书上签了字，他自己也因无法承受失去儿子的痛苦而发疯致死。

走上刑场的牛虻给琼玛留下了一封信，信中写下了他们童年时就熟知的一首小诗，这时候琼玛才知道，牛虻就是她爱过的阿瑟。

牛虻的悲剧或许是与生俱来的，因为他无法选择自己的时代和父母，所以一开始就注定了他逃不出命运的规则。

必然论认为，世界上的事物都为其本质或为一般规律所决定，因此必然性与可能性是客观的概念。必然论的最清楚的表达为"物理决定论"，它认为自然为普遍规律所决定，自然界中的客观必然关系是科学探究的主题。世界上有着不同的必然性模式，例如"逻辑的"、"规则的"、"形而上学的"等。

但是，也有不少的哲学家反对必然论，他们认为必然性是一种预期问题，或是一种认识论承诺的程度，抑或一种语词特征，而不是一种客观性质。他们反对一切必然性，反对非逻辑的必然性。与之相对的理论被称为"偶然论"，它主张自然和精神都非完全预先决定的，世界上存在着不可预言事件的不可还原因素。

小知识：

波希多尼（约公元前 135 年～公元前 51 年）

古希腊斯多葛学派哲学家、政治家、天文学家、地理学家、历史学家和教育家。他将哲学看作是所有艺术之主，所有其他学科都列于其下，哲学是唯一解释宇宙的学科。他将哲学分为物理、逻辑和道德三部分，是自然既不可分割，又互相独立的三个有机部分。

92.临时抱佛脚
——功利论

> 哲学家们只是用不同的方式解释世界，而问题在于改变世界。——马克思

在云南之南有个小国家，这个国家是个佛教的国度，国人都是虔诚的佛教徒。有一次，一个人因为犯罪被判了死刑，亡命出逃，官兵奉命追捕他，将他赶得无路可逃。在精疲力竭之下，他逃到一座古寺。寺中有一座巨大的释迦牟尼像，高大无比，这个人见到佛像庄严慈悲之相，想到自己的所作所为，不禁大为悔恨，他抱着佛像的脚大声嚎哭起来，并不断磕头表示忏悔。他一边磕头，一边不停地说："佛祖慈悲，我自知罪孽深重，无可饶恕，只请求佛祖能让我剃度为僧，从今以后日日诵佛，希望能够洗刷自己的罪恶。"

正在这时，官兵们也追赶到了庙中，他们见这犯人磕头磕得头破血流，听他所说的话，似乎是真心悔改，心生不忍，便派人去禀告官府。这件事很快传到了国王的耳中，国王笃信佛教，听闻此人自愿为僧赎罪，便下令赦免他的罪行，让他剃度为僧。这个故事后来演绎成一句常用语，这便是"临时抱佛脚"。

之后，这个故事传扬了出去，许多罪犯便有样学样，有些人平日里就算不信佛教，临到头时也会假装自己素来就是佛教徒，抱着佛脚表示忏悔，以换取国王的原谅。后来便有人将这句俗语前增加了一句，成为了"平日不烧香，临时抱佛脚"。

这些罪犯之所以选择"抱佛脚"的行为，显然不是因为信仰，而是为了逃避罪责，很多人可能会鄙视这种行为，但如果让功利论来评价的话，这样的行为能否算道德呢？

功利论是由边沁和穆勒创立的伦理学分支，它关注个人利益，强调以一个行为能给最大多数人带来最大幸福为评价行为的依据。

功利论是以行为后果来判断道德行为的合理性，如果某一行为能给大多数人

带来最大的幸福,该行为就是道德的,否则就是不道德的。它从人的趋乐避苦的生理性特点出发,发展到追求精神的快乐优于感官的快乐的伦理学。它认为社会利益是个人利益的总和,把行为所获得的功利效果作为道德评价的标准,是在工具或手段的意义上来使用道德的理论。

小知识:

让·鲍德里亚(1929~2007)

法国哲学家,现代社会思想大师,后现代理论家。他试图将传统的马克思主义政治经济学和符号学以及结构主义加以综合,意欲发展一种新马克思主义社会理论。代表作有《物体系》、《消费社会》、《符号交换与死亡》等。

93. 浮士德
——德行论

浮士德是德国传说中的一位巫师或是星象师,据说他将自己的灵魂卖给魔鬼以换取知识,不过人们最熟知的,却是歌德整整写了六十年的诗剧《浮士德》。

书中的浮士德是一个典型的新兴资产阶级知识分子,已经五十岁的他将自己前半生的生命都耗费在书堆里,与世隔绝却一事无成,既不能救济世人,又不能救赎自己,这样的现实令他沮丧不已。

另一边,天庭里的上帝正在召见群臣,人人都在赞美上帝的功绩,只有恶魔梅菲斯特与上帝为敌,说人类不会有任何成就。上帝问起浮士德的情况,梅菲斯特说他正处在绝望之中,永远也无法得到满足,但上帝却认为浮士德和其他的人类一样,虽然偶尔会走上歧路,但在智慧和理性的引导之下,最终能够找到应走的道路。梅菲斯特自信自己能够将浮士德带上魔鬼之道,并与上帝打赌,看谁能最终赢得浮士德,上帝答应了梅菲斯特的要求,将浮士德交给了他。

在一个中世纪的书斋里,失望的浮士德正准备饮下毒酒,了结自己的生命。突然,他听到窗外飘来复活节的钟声,钟声唤醒了浮士德对生活的记忆和对人生的向往,他一面渴望沉溺在尘世的爱欲中,一面却希望能够进入一个更为崇高的精神世界。正在这时,梅菲斯特出现了,他化身为一个书生,引诱浮

浮士德

士德,提出和他签下契约:梅菲斯特愿意成为浮士德的仆人,满足他的一切需要,帮助他追寻生活中的乐趣,但只要浮士德表示他满足了,浮士德就将属恶魔所有,成为梅菲斯特的仆人。浮士德并不相信"来生",于是轻易同意他和恶魔的契约。

浮士德和梅菲斯特开始了他们的旅程。他们首先来到一家地下酒店,梅菲斯特加入到一群大学生的狂欢当中,希望能诱惑浮士德,但浮士德对这些并不感兴趣,要求离开。于是梅菲斯特带他来到魔女之厨,让他饮下魔女的汤药,恢复青春,希望能用情欲来煽动他。恢复青春的浮士德很快爱上了纯洁的平民少女玛甘泪,并让梅菲斯特使得玛甘泪也爱上了自己。

被梅菲斯特迷惑的玛甘泪听从了浮士德的计谋,用安眠药使自己的母亲沉睡,谁知却使得母亲一睡不起。无意中杀死母亲的玛甘泪成为了人人鄙视的凶手,玛甘泪的哥哥气愤地向浮士德挑衅,浮士德却在梅菲斯特的教唆下将他杀死。玛甘泪接受不了自己亲人接连死去的事实,神经错乱,浮士德想要救她出狱,却被梅菲斯特拉走了。

梅菲斯特带着浮士德来到一个国家的化装舞会,这个国家正因为财政困难导致民众的暴乱,浮士德为国王献计,使王朝度过危机。之后,浮士德又为国王招来希腊美人海伦和美男子帕里斯,但海伦却去亲吻帕里斯,嫉妒的浮士德引起了爆炸,让海伦化为了烟雾。正好浮士德的学生创造一个小人,新生的小人发现浮士德迷上了海伦,自愿带他去找海伦。

浮士德从地狱找回了海伦,带着她重回人间,浮士德与她成为夫妻并生下了一个可爱的孩子,但这个孩子却意外从空中坠亡,伤心的海伦由此消失,并留下了一件衣裳,幻化成云彩,载着浮士德飞走。

落到山顶的浮士德决定建造一座平等自由的乐园,造福人类,他获得了国王赏赐的海滩,打算开始建造自己的乐园。谁知一对夫妇因为不肯搬迁,却被梅菲斯特恶意吓死。这件事令浮士德烦扰不已,被忧愁女妖弄得双目失明。于是恶魔召来死灵为浮士德挖掘坟墓,但浮士德却以为挖掘坟墓的声音是前来帮助他建造乐园的民众工作的声响,他看到了自己渴望的美好前景,情不自禁地喊出:"你真美呀,请停留一下!"随后便死去了。

浮士德终于得到了满足,梅菲斯特趁机得到他的灵魂,但天使们出现了,他们抢走了浮士德的灵魂,高唱着"凡是自强不息者,到头我辈均能救"的话,飞回了天堂。

《浮士德》是歌德带有自传性质的诗剧,浮士德的经历实际上是歌德或者说是当时资产阶级知识分子探索精神世界的影射。

　　无论是西方还是东方的哲学家,都将"德行论"作为人性"群体性"或"社会性"的伦理学说。它主张我们的行为与生活都应以培养品德或德行为主。

　　对伦理学家来说,德行就是一种美好的品格状态。东方的儒家从孔子开始就提出了以"仁"为首的道德概念,并扩大为"义、礼、智、信"等各种品德;而西方的柏拉图和亚里士多德也都提出了类似的观念。柏拉图把人类最基本的德行"智、仁、勇"用到他的理想国各阶层中:君王要有"智",管理城邦的事物;军人和卫士要有"勇",保护城邦的安全和秩序;平民百姓则要有"仁",遵纪守法。而亚里士多德则坚信,人的德行和幸福是合二为一的。

小知识:

恩斯特·卡西尔(1874~1945)

　　德国哲学家。他受新康德主义的影响,透过其符号形式的哲学,将康德的知识论视角和马尔堡学派对自然科学的关注扩展到文化哲学的层面。并从知识论的问题出发,透过文化哲学,发展出一套独特的哲学人类学,最终引向一种反对法西斯主义的国家哲学学说。

94. 杀鸡儆猴
——效果论

> 与人善言,暖于布帛;伤人以言,深于矛戟。——荀子

　　古时候,有些人会捉野猴,然后将猴子驯养,但猴性顽劣,不受束缚,很难驯服变得温顺。于是当时的人想出了一个办法,他们抓回野猴之后,会在这些猴子的面前宰杀一只鸡,让猴子看到鸡血流满地的情景。猴子虽然野性难驯,但也颇有灵性,见此情景,便知道人类是在告诫自己,如果不能乖乖听话,便会如这鸡一样,因此很快便被驯服了。后来,人们便创造了"杀鸡儆猴"这个成语,用来形容以惩罚一个人的方式来警告其他人。

　　西周初年,姜太公辅佐周武王灭了殷商,建立起周王朝。当时国家初定,迫切需要一批人才为国家效力,稳定政局,因此姜太公不遗余力地网罗贤能之士。当时齐国有个非常著名的贤人,很受当时人的推崇,姜太公知道后,便亲自前往邀请他出来任职,谁知这个人自命隐士,一心隐居以求贤名,不肯出来帮忙。姜太公先后拜访了他三次,此人都不肯相见。

　　姜太公见他意志坚决,竟然下令将他杀了,周公知道此事,大为惊讶,他虽然想救人,但为时已晚。周公知道姜太公素来重视人才,不知他为何突然行此杀伐之举,便问姜太公:"隐者无累于世,这是一位当世知名的贤人,他不求富贵贤达,这也无损于我朝政事,为何要将他杀了呢?"

　　姜太公说:"四海之内,莫非王土,率土之滨,莫非王臣。现在天下初定,非常需要人才来为国效力。他这种隐士素有贤名在外,却不肯为我朝效力,这样传扬出去,必定有不少人效仿,那我们还哪里有可用的人才呢? 我如今杀了他,目的在于以儆效尤,这样天下之人便知道我们求贤的决心,知道对我们的政权只有两种态度,不是拥护便是反对,绝不容许有人犹豫摇摆。这样一来,那些人才能真正的出来,为国效力。"

　　果然,经此一杀,当初那些观望的人都站了出来,自愿为国效力,再也不敢故作

姿态了。

周武王立像

效果论一词最早可以追溯到 G·E·M·安斯康在1958年所写的一篇名为《现代道德哲学》的论文,而现在它已经成为了伦理学中的重要流派,功利主义和实用主义是效果论的重要代表。

现在人们习惯把道德理论划分为效果论和非效果论,也可以称为"目的论的伦理学"和"非目的论的伦理学"。效果论认为,一个行为的价值完全由它的后果所决定,因而伦理生活应当是前瞻性的,即把行为后果的善加至最大和把坏的后果减至最小。

有时候,效果论也被划分为严格的或规则的效果论和极端的或行为的效果论。前者认为如果一个行为符合能导致比其他规则更好后果的规则,那么这个行为就是正当的。后者认为,一个行为对行为者的可选行为而言,如果它能带来较好后果,就是正当的。

然而,效果论还是有其缺陷性,它忽略了道德行为者本身的利益、规划等,是非个人的和无利害关系的观点,受到了"常识道德"、"直觉主义",尤其是"行为者中心德行伦理学"的指责。而且,效果论过分强调善的后果的重要性,主张后果是先于道德的,因而严重地违背了道德常识。

小知识:

雅克·德里达(1930～2004)

当代法国哲学家、符号学家、文艺理论家和美学家,解构主义思潮创始人。他以其"去中心"观念,反对西方哲学史上自柏拉图以来的"逻各斯中心主义"传统,认为文本(作品)是分延的,永远在撒播。代表作有《人文科学话语中的结构、符号和游戏》、《论文字学》、《文字与差异》等。

95. 安乐死——道义论

> 目的总是为手段辩护。——马基雅维利

2001 年 4 月 10 日,荷兰议会表决通过了安乐死法案,这也让荷兰成为世界上第一个正式通过安乐死法案的国家,这一法律的通过立刻引起世界性的争议。其实关于安乐死的争议,早已经不是一个新鲜的话题,在几十年的时间里,这个话题一直处于风口浪尖,是许多人争议的焦点所在,赞成的人觉得它是一种"人道主义",而反对的人则相信它会造成合理谋杀的漏洞。

其实在荷兰,早在三十多年前就已经悄悄开始对安乐死的默许。1973 年,荷兰的一名医生因为不忍心看着母亲被病痛折磨,给自己的母亲服下了过量的吗啡止痛,导致其母死亡。但当时的法院却只判处该名医生一个星期的有期徒刑,并缓刑一年,其实就是在某种程度上默认了他的这种行为。

2000 年的 11 月 30 日,也就是荷兰下院通过安乐死合法的第二天,荷兰阿姆斯特丹的一位普通市民,七十一岁高龄的莉迪亚就实现自己的梦想,被实施了安乐死。她也是荷兰本土合法安乐死的第一人。

其实,莉迪亚请求实施安乐死已经有好几个月的时间了。这位老人早在几年前就得了不治之症,病入膏肓,痛苦不堪,为了早日结束这种痛苦的生活,莉迪亚向医生请求结束自己的生命,为自己实施安乐死。起初,莉迪亚的要求受到了她的女儿的强烈反对,刻意结束母亲的生命显然不是她所能接受的,但莉迪亚告诉女儿,自己不愿意再忍受病魔无时无刻不停的折磨,尊重她的意愿,才是对母亲最好的孝顺。最终,女儿答应了母亲的请求。

终于,在安乐死合法化的第二天,病房里响起轻柔的音乐,莉迪亚安详地接受医生最后的注射,含笑而逝。

不过,在安乐死合法化并得到逐渐推广之后,新的问题也应运而生。从 2002 年下半年开始,荷兰老人和病危患者向外国移居的现象开始出现并逐渐增加,而德

"是谋杀,不是怜悯!"对于安乐死,有许多美国人发出这样的呼声。

国是这些人中大多数的首选国。这一现象的产生,无疑是因为安乐死法律的通过,很多老人或者病危患者害怕自己"被安乐死",于是干脆移民他国。而德国因为"安乐死"还未被提上立法日程,成为这些荷兰人的首选。

据统计,荷兰每年有四千多例安乐死,但德国哥廷根大学的研究人员却发现,在他们调查的七千起荷兰安乐死的案例中,其中高达41%的比例是"非情愿"的。也就是说,有41%的安乐死实际上是病人家属和医生合作,在病人没有表达自身意愿的情况下对其实施安乐死的。而在这41%的"非情愿"案例中,还有11%的患者在临死之前神志清醒,有足够的能力做出自己的决定,却并没能自我抉择,而是被家属和医生强行地实施了安乐死。

当然,多数家属做出这样的选择是出于为病人结束痛苦的缘故,何况很多病入膏肓的患者就算愿意接受安乐死,也无力再去表达自己的意愿,但病人的想法究竟为何,事后也是无法得知的。这无疑是一个很大的漏洞,也是安乐死引起争议的原因所在。

安乐死究竟是应该还是不应该,也许这个问题永远也不会有答案,唯一可以肯定的是,关于它的争论将一直持续下去,成为人类伦理中无法被解答的一环。

道义论是一种以根据责任而行动为基础的伦理学,它一直是现代西方伦理学的主要潮流之一。它集中于道德动机,把义务或职责看作是中心概念。道义论认为,有些事情内在就是对的或错的,我们应当做或不应当做这些事只是因为这类事情本身使然,而与做这些事情的后果无关。

　　道义论与目的论或效果论的伦理学是相对立的,因为道义论主张,一个行为的好的结果不能确保一个行为的正当性,因此它企图以诉诸常识的道德直觉或者是人类理性来回答,但对于什么使得一个行为成为错误的,它仍然缺乏合适的答案。但目的论或效果论的伦理学却认为,一个行为的正当性取决于它是否能带来好的后果,因此有一类道德原则和规则是行为者必须绝对遵循的,但它难以回答为什么某些事情就它们本身而言就是错的这个问题。

小知识:

　　杰里米·边沁(1748～1832)

　　英国的法理学家、功利主义哲学家、经济学家和社会改革者。他试图建立一种完善、全面的法律体系,而此法律所基于的道德原则就是"功利主义",任何法律的功利,都应由其促进相关者的愉快、善与幸福的程度来衡量。

96. 猴子与香蕉
——契约论

　　有这样一个流传已久的著名实验：实验人员把五只猴子关在同一个笼子里，笼子顶上有一串香蕉，猴子们能够轻松拿到香蕉。但实验人员又将一个自动装置与香蕉相连接，一旦猴子试图去拿香蕉，装置就会自动将香蕉提升到猴子够不到的地方，并启动自动喷水装置，将所有的猴子都淋湿。

　　装置设置好后，当香蕉刚刚放入笼内，就马上有猴子伸手去拿，当然，自动装置侦测到猴子的行动，立刻有水喷向笼子，所有的猴子都被淋湿了。猴子们没有死心，紧接着就有另外一只猴子再次尝试去拿下香蕉，自然，和前面那只猴子所造成的结果一样，笼内的所有猴子又被水淋了。当所有的猴子都如此尝试，并反复了数次之后，它们所得到的都是同样的结果。于是聪明的猴子终于知道了，只要尝试去碰香蕉，就会被水淋湿。也就是说，只要不去拿香蕉，就能避免被水喷到。

　　就这样，笼子里的猴子一直相安无事地生活了下来，它们形成了默契，都不会去碰触挂在笼子上的香蕉。之后，实验人员将笼子中的一只猴子带了出去，又放了一只新的猴子进来。这只新进笼的猴子一看到头顶的香蕉，立刻伸手去拿，其他的四只猴子看到这样的情况，为了防止自己被水淋到，立刻上前撕咬它，阻止它拿香蕉，就这样，一旦新进笼的猴子尝试去拿香蕉，就会遭到其他猴子的阻止。在反复了数次拿香蕉却遭到撕咬的情况之后，新来的猴子明白了一件事，其他的猴子不允许它试图触碰笼顶的香蕉，于是它放弃了拿香蕉。

　　然后，实验人员又将笼子里最早的四只猴子之一放了出去，并放进来一个新的猴子。新来的猴子如同前者一样，首先尝试去拿下笼顶的香蕉，当然，它也遭到了其他猴子的阻止。而这时候，上一只企图拿香蕉而被打的猴子也加入到了阻止新来的猴子拿香蕉的行为当中。就这样，这只新来的猴子也在不断挨打中知道了，不能试图取下笼顶的香蕉。

实验人员每过一段时间就将笼中最先放进来的猴子放出一只,然后放入一只新的猴子,直到最早放入笼中的五只猴子都已经被换走,而这时笼子的喷水装置也已经被悄悄取消了。每一只新入笼的猴子首先都会去尝试拿下笼顶的香蕉,而不出所料的是,它们也都会遭到前面猴子的撕咬和殴打,直到放弃这种尝试为止。

其实这时候早已经没有猴子被水淋湿,它们也不知道为什么不能够去碰触笼顶的香蕉,但不能拿笼顶的香蕉已经成为了猴群中默认的规则,就这样,笼顶的香蕉一直没有被动过。这就是规则的诞生。

契约论,就是以社会契约理论为基础的一种对伦理学的探索。

最重要的契约论应该是康德式的契约主义,强调人的道德地位是天然平等的,后来这一观点被 J·罗尔斯加以发挥。罗尔斯认为,如果一种契约是在一种原始的平等观点上订立的话,他就能够给予每一个订约人平等的考虑,因此,道德的思考就是关于人们在这种环境中能够订立什么协议。而这种规则系统是由公认的、非强制的和普遍的协议所确立的,是任何人在哪种环境条件下都无法合理地拒绝的。如果一种行为不被行为的规则系统所允许的话,那这种行为就是错误的。

但是也有反对者认为,这种观点对于道德提供了一种理智的解说,但没有揭示道德行为的真正动机。他们认为这种观点没有提供任何理由说明,强者在追求他们自己的利益时应避免使用强权去伤害他人,也没有说明我们为什么要对后代的利益予以道德考虑。

小知识:

第欧根尼·拉尔修(约 200～250)

罗马帝国时代的古希腊哲学史家。他编有古希腊哲学史料《名哲言行录》,收录介绍两百余位哲学家以及三百余篇作品。将古希腊哲学按哲学家籍贯分为两大学派:爱奥尼亚派与意大利派,是极其重要的哲学史料。

97. 悲惨世界
——决疑论

向他的头脑中灌输真理，只是为了保证他不在心中装填谬误。——卢梭

1802 年，在十九年前为饥饿的孩子偷了一块面包而被判刑的冉·阿让结束了自己在苦役场的服刑生活，被释放了。在前往指定城市的途中，饥寒交迫的冉·阿让推开了当地最受人尊重的主教米利埃主教的大门。好心的主教收留了冉·阿让，谁知冉·阿让却偷走了主教的银器，逃走了。半路上，神色慌张的冉·阿让被警探捉住，并带回了主教家，可是善良的米利埃主教却说银器是自己送给冉·阿让的，使冉·阿让避免了再次被逮捕的命运。

感动于主教的善良宽宏，冉·阿让决心洗心革面、重新做人，他改名为米德兰，并来到了小城蒙特勒，开始自己全新的生活。依靠着勤奋肯干的精神，冉·阿让拥有了自己的玻璃首饰工厂，他大力支持慈善，获得当地人的爱戴，最后还被选为市长。

在冉·阿让的工厂里，有一个命运悲惨的女工芳汀。年轻时，芳汀受到诱骗生下了一个女儿，为了养活自己的女儿珂赛特，芳汀只能将她寄养在德纳第家，自己到工厂去做工赚钱。然而，德纳第夫妇却是一对贪得无厌的家伙，他们不断地向芳汀索取费用，名义上是为了珂赛特，实际上钱全都进了他们自己的口袋，而珂赛特还不得不为他们工作。

因为德纳第夫妇向芳汀要钱的信不小心落入了她同事的手中，人们鄙夷她的过去，便联合起来要将她赶走，不知情的冉·阿让签下公文，使得芳汀不得不再次流浪街头。因为被德纳第夫妇欺骗，以为珂赛特重病需要钱，在卖掉自己的项链盒和长发之后，走投无路的芳汀只能走上了最后一条道路，做了妓女。

有一天，芳汀在路上和一位粗鲁的客人发生了争执，结果刚上任的警长沙威却立刻抓住了她，要定她的罪。目睹了这一切的冉·阿让立刻出面劝阻了沙威，并将芳汀送到医院休养。在得知芳汀悲惨的故事之后，冉·阿让决定帮助这对可怜的

母女。

　　谁知道，在见过冉·阿让为帮助老人抬起马车之后，沙威对于冉·阿让的力大无穷产生了怀疑，想起自己追捕很久的逃犯冉·阿让。这时，警方抓住了一个无辜的铁匠，并将他认作了冉·阿让，为了不让无辜的人因为自己而受罪，冉·阿让来到法庭坦陈自己的身份。可是，这时的芳汀已经奄奄一息，因为担心芳汀，冉·阿让再次逃掉，来到病房见芳汀最后一面，而芳汀将自己的女儿珂赛特托付给了冉·阿让之后，溘然长逝。

　　冉·阿让再次成为了逃犯，只是这一次是为了帮助可怜的小珂赛特。来到德纳第家的冉·阿让这才发现，珂赛特一直生活在怎样的虐待之中，在被敲诈了一大笔钱之后，冉·阿让带走了珂赛特。从此之后，两个生活坎坷的人就生活在了一起，像父女一样生活着。

　　九年之后，巴黎已经失去了原本的平静，变得动荡不安，社会涌动着革命的暗潮。珂赛特这时已经长成为亭亭玉立的少女，并和年轻热情的马里尤斯相爱。马里尤斯是个热血的革命青年，正与自己的伙伴们策划着革命，而冉·阿让因为担心即将发生的暴乱，决定带领珂赛特离开巴黎。

　　革命爆发了，马里尤斯在战争中受了重伤，却被强壮有力的冉·阿让救了。在逃走的路上，冉·阿让再次遇见了沙威，这个追捕冉·阿让许多年的警长终于被冉·阿让的善良感动，放走了冉·阿让，但他却因为接受不了自己这样的转变，投河自尽。

　　在珂赛特的精心照顾下，马里尤斯逐渐康复，但他并不知道在下水道救了自己的正是自己情人的父亲冉·阿让。为了让这一对恋人能够更好的相处，不被自己的过去所牵累，冉·阿让决心离开他们独自生活。婚礼上，德纳第夫妇出现了，他们本想告发说冉·阿让盗过尸，谁知他们提到的这件事其实正是冉·阿让救过马里尤斯的事，也恰好让马里尤斯知道了当初救过自己的人是谁。

　　这对年轻的夫妇立刻赶到了冉·阿让身边，但这位可怜的老人已经走到了生命的尾声，只有那一对银烛台陪着他。老人终于上了天堂，他的灵魂和芳汀及所有善良的人们一起，庇护着一对恋人，迎向光明的明天。

　　殊案决疑，最早由拉丁文"casus"（个案）一字而来，原本是指一系列基于个案的论证，多采用于法律和伦理学的讨论中，作为基于原则的严格论证方法的对立面出现。在法律论证中，它有助于将个人带到律法真义的判断中，让人直面律法；也可以让各人都有自辩的机会。换言之，也就是结合特殊的情境和普遍的公理才下结论。有人就说，如果在殊案决疑的理论下，冉·阿让就不会遭遇到十九年的冤狱,最后导致如此悲惨的下场。

　　决疑论是基督宗教传统中具有深远影响的一种解决道德困境的方法,它是对于那种一般道德原则不能直接应用于其上的个别道德案例的一种研究,旨在决定它们能否被放进一般规则的范围。具体说来,就是"当新的问题与旧的事例在根本特征上相似时,将旧的事例运用于新的问题,以获得知识,这样,同样的原理就会涵括新旧二者"。

　　决疑论的过程包含诉诸直觉,对情境的考虑,与典型案例模拟,对具体案例的评估,它是为能就未知的事物做出准确的判断和为行为提供指导的一个过程。

小知识:

笛卡尔(1596～1650)

　　西方现代哲学思想的奠基人,近代唯物论的开拓者,开启所谓"欧陆理性主义"哲学。他提出"普遍怀疑"的主张。笛卡尔主张对每一件事情都进行怀疑,而不能信任我们的感官,而当人在怀疑时,他必定在思考,由此他推出了著名的哲学命题——"我思故我在",因此"我"必定是一个独立于肉体的、思维的东西。

98. 王莽谦恭未篡时
——历史分析法

> 当其时命而大行乎天下,则返一无迹;不当其时命而大穷乎天下,则深根宁极而待:此存身之道也。——庄子

唐朝大文人白居易写过这样一首诗:"赠君一法决狐疑,不用钻龟与祝蓍。试玉要烧三日满,辨材须待七年期。周公恐惧流言日,王莽谦恭未篡时。向使当初身便死,一生真伪复谁知?"这首诗的意思是,一个人究竟是好是坏,是人才还是庸才,都需要时间来验证。而诗中提到的周公和王莽,都是古代有名的人物。

周公为周文王少子,一心辅佐其兄武王治国,尽心尽力。武王病重,周公便写下册文,昭示上天,表示愿意以己代武王承受灾病。册文被藏于金匮中,并未告知其他人。后武王驾崩,成王即位,因成王年幼,周公便抱成王于膝临朝,治理朝政。之后有庶兄管叔、蔡叔两人意图谋反,视周公为最大障碍,便散布流言,说周公见成王年幼,意图篡位。流言传扬开来,使得成王也开始怀疑周公,于是周公主动辞了相位,避居东国,不再问政事。后来有一天,忽然天上狂风大作,雷电交加,惊雷击开了金匮,成王见了周公的册文,才知道其忠心不二,大为后悔,立刻前往东国迎接周公回朝,重担相位,并诛杀了图谋不轨的管叔、蔡叔两人。如果成王并没有看到金匮中的册文,那周公究竟有没有私心谋反,那就无人能知,也就无人能辨其忠奸了。这就是"周公恐惧流言日"。

王莽是西汉末年外戚,汉元帝皇后王政君之侄。王家权势熏天,因此多骄奢淫逸之辈,但王莽却没有一点骄横之气,非常谦恭简朴,处事也小心谨慎。他还经常救济贫寒,广交朋友,对长辈恭敬,对下人和蔼,孝顺母亲和寡嫂,抚养自己亡兄的孩子,是时人口中一等一的好人。

有一次,王莽的母亲病重,大臣们都派夫人到府看望,王莽的夫人也到府外迎接诸位夫人,谁知所有的来人都以为王莽的夫人是府中的仆役,因为王夫人的穿着实在是太过简朴了。还有一次,王莽的儿子因故杀死了一个奴隶,按照当时的律

法,主人杀死奴隶是不用偿命的,最多只需要赔偿一定的财物就可以了,但王莽却逼着自己的儿子自杀偿命。王莽的伯父王凤当时执掌大权,有一次王凤生病在家休养,王莽便前往侍奉,衣不解带、寸步不离,比王凤的亲生儿子还要体贴周到,令王凤非常感动。后王凤临死前便请求太皇太后和汉成帝委任王莽官职,于是王莽便做了黄门郎。之后,依靠着在士族之中的好口碑,王莽得到众多名士的推荐,盛赞其人品和德行,王莽步步高升,最终当上"安汉公",成为显赫一时的辅政大臣。

大权在握,王莽开始渐渐暴露野心。他先是劝太皇太后休养身心,又将自己的女儿推为皇后,将大权独揽于自己手中。他的儿子不忍见他独断专行,密谋劝谏,居然被他逼得服毒自尽,并连坐诛杀了数万人。之后他干脆毒死了看出他不轨之心的汉平帝,将两岁的刘婴扶上帝位,最后他终于宣布篡汉,自立为帝,并改国号为"新"。

即位之后,王莽进行改革,颁布实施了"五均"、"赊贷"、"六筦"等措施,力图以周礼治国,但因为不符合当时社会的发展需要,反而造成社会的混乱。很快,农民起义风起云涌,绿林军攻入长安,诛杀了王莽,也结束了新朝的统治。而王莽之前的谦恭与后来的残暴如此大的变化,也成为了最令人心悸的故事,试问"王莽谦恭未篡时,一生真伪谁得知"呢?

历史分析法是伦理学研究中的一种具体分析方法,所谓历史分析,就是运用发展、变化的观点分析客观事物和社会现象的方法。将不同的人性模式放置在相对的历史背景下研究,能够揭示其伦理性的价值,辩证展示人性的社会功能,为伦理学研究提供依据。

客观事物是不断发展变化的,分析事物时,只有把它发展的不同阶段加以联系和比较,才能弄清其实质,揭示其发展趋势。结合具体的历史背景,了解经济、政治等方面的具体内容,将它放在特定的历史背景下,同时又将之视为历史进程中的产物,才能真正理解研究对象的伦理内涵。

小知识:

周敦颐（1017～1073）

字茂叔,号濂溪,北宋著名哲学家,是学术界公认的理学派开山鼻祖。"两汉而下,儒学几至大坏。千有余载,至宋中叶,周敦颐出于舂陵,乃得圣贤不传之学,作《太极图说》、《通书》,推明阴阳五行之理,明于天而性于人者,了如指掌。"《宋史·道学传》将周子创立理学学派提高到了极高的地位。

99．朝三暮四
——演绎与归纳

　　春秋战国时期，宋国有位老人在自己家中养了一大群的猕猴。因为长时间与猕猴亲近，老人已经能够理解猕猴的意思，双方可以交流无阻。因为长年喂养猕猴，老人家中的粮食渐渐匮乏，他减少自己家人的口粮，一心满足猕猴们的需要，但时间久了，还是感觉力不从心。于是老人打算减少猕猴们的口粮，因为担心猕猴们不满，老人便去和猕猴们商量。老人对猕猴们说："家中的粮食已经不够了，以后给你们橡果，早上只能给三颗，晚上给四颗，可以吗？"猕猴们听懂了老人的话，一边奔跑一边尖叫表示不满，老人见到猕猴们的样子，知道它们不肯接受，转念一想，改口说："这样吧！给你们橡果，早上给四颗，晚上给三颗，足够了吗？"猕猴们听到，非常满意，纷纷趴在地上表示接受。

　　所谓演绎，就是从一般推出特殊的、个别的结论，而归纳，则是从特殊推出一般，从一系列的具体事实概括出一般原理。

　　演绎推理是从真实前提必然推出真实结论，从一些假设的命题出发，运用逻辑的规则，导出另一命题的过程。归纳推理是以某类思维对象的一部分或全部分子对象具有或不具有某属性为前提，推出该类全部对象也具有或不具有某属性为结论的推理。

　　演绎推理的前提真，形式有效，那么结论必真，而归纳推理的前提真，形式有效，那么结论可真可假。归纳为演绎提供前提，但它也依赖演绎。归纳与演绎相互补充、相互依赖，都是伦理学研究中的一种具体的方法。

100.罗素与挑夫
——观察和实验

放纵自己的欲望是最大的祸害；谈论别人的隐私是最大的罪恶；不知自己过失是最大的病痛。——亚里士多德

英国大哲学家罗素曾经在20世纪初受邀来到中国，他在中国共停留了十个月的时间，足迹遍布沪、京、杭多地。除了受邀讲学之外，罗素更是游历了中国的不少地方，亲身体会了中国人的生活，也亲眼见到东方人有别于西方的文明与生活态度。回国后的罗素，就写下了《中国之问题》一书，记载了他在中国的生活，并讲述他对于东方文化的体会和了解。其中，他写到这样一件事：

那是一个炎热的夏日，罗素乘坐轿子出行，穿行于崎岖陡峭的山道之中，抬轿子的苦力们要在狭窄的小路上稳住自己的步伐，累得汗流浃背，十分辛苦。因此，当走到山顶的时候，罗素告诉这些苦力们停下来休息一下。

抬轿者立刻在树荫处放下轿子，走到一旁，拿出烟斗，坐在地上开始谈笑起来。罗素觉得这些人实在辛苦，原来打算安慰一下这些人，可是见到他们坐在树荫下互相开玩笑的样子，他忽然觉得他们其实对世界上的一切事情都毫不在意，也压根儿不需要自己的怜悯。

罗素在自己的书中写道，如果在其他的任何国家，在这种情况下，只要稍微有点心计的人都会故意抱怨天气的炎热，并要求雇主支付更多的小费，但他面前的这群中国人不会。虽然当时的中国贫穷、腐败，但中国人却保持着文明享乐的能力，他们能够自娱自乐，在每一件事上寻找乐趣，他们喜欢开玩笑，并透过开玩笑来解决争端，这是工业化的西方所没有的。就好像当欧洲人习惯于用功利化的考虑来计算自己的旅行应该居住在哪家旅馆最为接近火车站时，中国人所想的是哪

罗素

里有一个古老的宫殿,而哪里是某位著名诗人曾经的居所。

在中国的旅行让罗素接触到真正的东方文化,他这才发现不同的文化视野和看法才是让西方人觉得东方人缺乏文明的原因所在,而这个观点显然是错误的。罗素亲自走访中国的行动让他开始真正的理解东方文明,就如同他在见识到轿夫们的悠然自得之后才知道,用自以为是的眼光看待别人的幸福或痛苦绝对是错误的。

罗素这次意外的经历让他发现了一些他曾经在人性上忽略过的东西,这些思想的产生,无疑要感谢他仔细的观察,而观察原本就是哲学研究中必不可少的一部分。

伦理学的观察实验与自然科学的不同,自然科学的观察和实验具有数学的精确性,但伦理学的对象因为没有数学规律的结果,所以是"非精密的观察和实验";此外,伦理学研究的根本是人性,因此它的观察和实验可以说是一种对于人类心理的"内省"或"体验",这也是自然科学所不具备的特征。

现在,西方伦理学家对于功利主义真理性的检验方法就是一种观察和实验方法,或者说,是一种"理想实验"或"假想实验"、"思想实验"的检验方法。从需要证实的伦理学理论推理出一个可以观察的结论,然后观察这个结论是否与事实相符,如果不符合,那么这个理论便被证伪,反之它则得到了部分的证实。

小知识:

黄宗羲(1610~1695)

明末清初经学家、史学家、思想家、地理学家、天文历算学家、教育家。学问渊博,思想深邃,著作宏富,与顾炎武、王夫之并称明末清初三大思想家(或清初三大儒),与弟黄宗炎、黄宗会号称浙东三黄,与顾炎武、方以智、王夫之、朱舜水并称为"清初五大师",亦有"中国思想启蒙之父"之誉。